生命进化的秘密

满足你好奇心的100个为什么

王章俊 著

重庆出版集团 重庆出版社

图书在版编目（CIP）数据

生命进化的秘密 ： 满足你好奇心的100个为什么 / 王章俊著. -- 重庆 ： 重庆出版社, 2024. 11. -- ISBN 978-7-229-15576-6

Ⅰ. Q11-49

中国国家版本馆CIP数据核字第2024AZ2696号

生命进化的秘密：满足你好奇心的100个为什么

SHENGMING JINHUA DE MIMI: MANZU NI HAOQIXIN DE 100 GE WEISHENME

王章俊　著

出　　品： 华章同人

出版监制： 徐宪江　连　果

责任编辑： 齐　蕾

特约编辑： 肖　雪

营销编辑： 史青苗　刘晓艳

责任校对： 李小君

责任印制： 梁善池

装帧设计： 乐　翁 DESIGN QQ:954416926

重庆出版集团
重庆出版社　出版

（重庆市南岸区南滨路162号1幢）

三河市嘉科万达彩色印刷有限公司　印刷

重庆出版集团图书发行有限公司　发行

邮购电话：010-85869375

全国新华书店经销

开本：880mm × 1230mm　1/32　印张：11　字数：286千

2024年11月第1版　2024年11月第1次印刷

定价：59.80元

如有印装质量问题，请致电023-61520678

序

由于科学传播方面的共同爱好，我与王章俊先生结识多年。他是一位热情饱满的科普达人，10 多年来，笔耕不辍，持之以恒，先后出版了多套生命进化类科普图书和绘本，拍摄了 4D 特效电影《会飞的恐龙》，还在不同场合做过百余场讲座，深受听众喜欢，获得业内同行和生物课老师的认可。他的著作屡次获奖，其中《生命进化史》三部曲荣获中国科学技术协会“2021 年中国十大科普图书”称号，数次重印，广受好评。此次出版的《生命进化的秘密：满足你好奇心的 100 个为什么》，选取了作者在今日头条“悟空问答”中的部分回答，都是读者最感兴趣的内容，是精华中的精华。为支持和鼓励，特写如下文字，是为序。

“两暗一黑三起源”（暗物质、暗能量、黑洞、宇宙起源、天体起源、生命起源）是当代科学的六大谜题。作者从大历史的宏观角度，介绍了宇宙和生命的本源、演化和命运；从遗传学、现代分子生物学的微观视角，阐述了宇宙和生命的运行机制和演化规律，使读者对进化知其然，更知其所以然，透过现象看本质，了解隐藏在世间万物背后的故事。

生命是宇宙奇迹中的皇冠，智慧是皇冠上的宝石。生命因宇宙而诞生，宇宙因生命而精彩，也因人类智慧而被理解。每个生命都是一个不朽的传奇，每个传奇的背后都有一个精彩的故事。

世间万物都遵从熵（shāng）增定律，也就是说，在自然演化过程中，一切事物都向混乱度大（熵增）的方向发展，最终走向毁灭，宇宙万物，概莫能外。

达尔文进化论的核心思想科学地阐释了生命的进化规律，即基因突变、物种变异、自然选择、适者生存。也就是说，生物基因的突变，使物种发生变异，在自然选择作用下，最终只有适合生存的物种才有机会繁衍生息。

基因突变具有普遍性、稀有性、少利多害性和随机性，这导致生命进化也体现了这四个特性，即生命进化发生在所有生物种群内，总有新物种不断诞生，然而在单个生物体内，基因突变率很低（人类的基因突变率约为十亿分之一）。随着基因突变的不断积累，生命演化长河呈现为一个由量变到质变、渐变与突变不断交替发展的过程。渐变保证了原物种的延续，突变催生了新物种的“临盆”。在自然选择的压力下，只有极少数有利的基因突变能传递和遗传下去，多数有害的基因突变会被清洗淘汰。

生命进化是必然与偶然的统一。

生命进化的历史总体上呈现出由简单到复杂、由低级到高级的趋势。另一方面，随机突变又造成各类群不断歧化。在无处不在的遗传变异和自然选择的双重驱动下，生命进化构建出一棵随时间不断流变的“生命树”，它不停地开枝散叶，新芽换旧枝，尽管其众多低等枝条（细菌和古细菌）因基因横向传递而彼此交错纠缠。

本书中遴选出的100个问题，大都是当前科学领域的前沿和热点问题，大众关注度高，存在颇多争议。本书的出版会为广大读者在宇宙与生命的起源、演化等方面答疑解惑，启发大众对进化论的理解，有助于人们树立科学的自然观和生命观，对认识历史、认识社会、认识哲学产生积极的影响。同时，如同所有科学问题的破译一样，本书提供的100个答案，不一定全是“标准答案”。我特别鼓励青少年读者开动脑筋，积极思考，如果你能够对其中一些问题提出自己的新见解，我将给你点一个大大的赞！

舒德干

进化古生物学家、中国科学院院士

2024年4月25日

前言

几年前，我被今日头条聘为高级签约作者，主要回答大众在“悟空问答”里提出的关于生命演化、进化论、宇宙演化等方面的问题。在一年多的时间里，我回答了约260个相关问题，总阅读（播放）量超过1700万，部分回答的阅读量超过10万，深受读者喜爱。我从中也感受到，大众对达尔文进化论充满兴趣，讨论热烈。

不过，从读者的回复和留言来看，仍有相当多的人对达尔文进化论的认识还停留在较浅显的层面，甚至有一些误解。其实，达尔文1859年发表《物种起源》后的100多年时间里，对于达尔文进化论，来自宗教、科学等方面的争论、质疑和反对声，此起彼伏，从未间断，究其原因，主要有三：一，现代生物学研究还不够深入；二，发现的化石还比较有限，再加上基因突变的随机性，决定了生命进化的偶然性、不定向性和不可预测性；三，达尔文进化论不像传统的牛顿力学、爱因斯坦的相对论那样，可以通过实验研究和观察进行验证，或通过计算做出科学的预测和佐证。

近几十年来，分子生物学研究取得的新进展，对达尔文进化论做出了客观的、科学的和定量化的论证，现代达尔文进化论已经获得科学界的充分认可，并成为现代生物学的核心与灵魂。可以说，没有进化论，就不会有现代生物学，正如俄裔美籍进化生物学家杜布赞斯基的一句名言：“若无进化之光，生物学毫无道理。”

本书从260多个问答中精选出100个，都是读者感兴趣、阅读量高、讨论激烈、留言较多的问答。此外，我结合科学研究的新进展、新发现、新成果，并在海量阅读的基础上，对这100个问答重新进行了梳理和脱胎换骨式的改编，使回答更加严谨细致、观点更加鲜明突出、内容更加丰富完善、叙述更加富有逻辑，使读者更容易感兴趣，也更便于读者理解和记忆。

本书内容涉及范围宽泛，主要回答了生命和生命演化，以及达尔文进化论、宇宙演化等问题。通过这些问题，读者不仅可以对现代科学的热点和前沿问题有更深入的了解，还可以对普遍流行的进化论观点有更正确的认识，更理解宇宙和生命的前世与今生，对宇宙和人类的未来命运有更客观的认识。问题的提出与回答，对于读者了解自然规律、树立科学态度、认识人生价值、锻炼逻辑思维能力等也都大有帮助。

本书主要包含以下五部分内容。

第一部分，“40亿年前的世界”，从大历史的宏观角度，回答了生命诞生必须具备的客观条件，如宇宙、太阳、地球、月球、元素、岩石、氧气等的形成。

第二部分，“进击的生命”，主要围绕生命的本质以及生命进化的机制这一主题，回答了为什么地球是目前已知唯一有生命的星球、第一个生命的诞生、先有动物还是先有植物、哪种动物最先登陆、古猿如何进化成人类、现代人类是否仍在进化等问题。

第三部分，“竟是这样的万物”，主要回答了动物、植物进化方面的一些细节问题，如地球上第一只恐龙是如何诞生的、世界上先有鸡还是先有蛋、为什么鱼睁着眼睛睡觉、大熊猫是如何演化的、人与动物的根本区别是什么、人类先褪去体毛还是先穿上衣服，等等。

第四部分，“科学与想象”，回答了一些科学事实和一些不着边际的人类脑洞，如地球上有没有中间物种、人类基因组中为什么有大量病毒基因、外星人是否存在、如果恐龙还活着会不会有人类、地球停止转动会怎样，等等。

第五部分，“后来”，主要对数万年，甚至数百万年后的世界展开想象和推测，如未来人类可能会面对哪些灾难、是否还会有大冰期、地球上是否会再次发生生物大灭绝事件、地球毁灭后人类的出路在哪里，等等。

通过阅读本书，你会从宏观和微观角度，对宇宙演化、生命科学等有更深入的了解，也许从此你开始对生物学感兴趣，甚至爱上生命科学，这对你未来的学习和规划会产生有益的影响。

我要感谢有缘读到这本书的读者，感谢你的努力与付出，希望你能从中受益，并提出你的见解和意见。

同时，我要感谢拨冗为本书写序的舒德干院士，感谢他多年来对我不离不弃的帮助和支持，他是我科学传播事业上的恩师；感谢他为我国，乃至世界古生物学做出的不可磨灭的贡献。

最后，我要感谢重庆出版社的肖雪和齐蕾两位编辑，她们二人，不辞辛劳，逐篇阅读，从中遴选出百个问答，精心编排，结集成册，予以出版。

王章俊
全国生物进化学学科首席科学传播专家
2024 年 5 月 10 日

目录

PART 1 40亿年前的世界

第一章 关于宇宙和地球

PART 2 进击的生命

第二章　生命二三事

第三章　进化论科学吗?

PART 3 竟是这样的万物

第四章　动植物有秘密

第五章　人类冷知识

PART 4 科学与想象

第六章 科学的答案

第七章 奇怪的脑洞

后来

第八章　来吧，未来！

PART 1

40 亿年前的世界

第一章

关于宇宙和地球

01 宇宙是怎么来的？

要回答这个问题，首先要了解宇宙究竟是什么。

宇宙包含一切，是时间、空间、物质和能量，以及暗物质和暗能量的总和。

天文学家们根据宇宙大爆炸模型和宇宙微波背景辐射（CMB），反演推算出宇宙诞生于138.2亿年前的一次“大爆炸”。

> “宇宙大爆炸”是科学家们用来形容宇宙急速膨胀的一种描述，而不是宇宙真的发生了爆炸。

1927年，比利时天文学和宇宙学家乔治·勒梅特首次提出了宇宙大爆炸假说。

1929年，在美国洛杉矶的威尔逊山天文台，美国天文

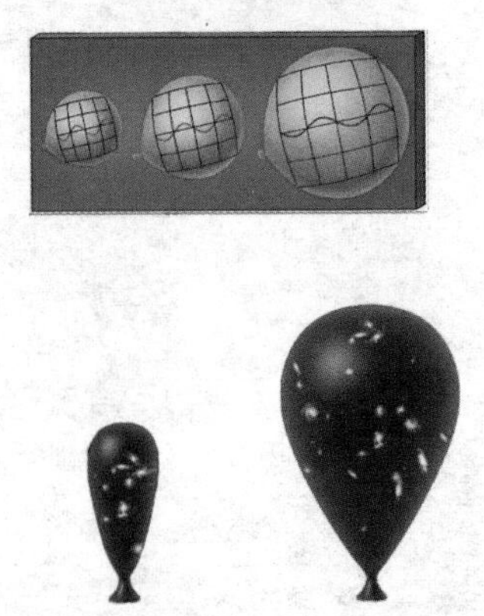

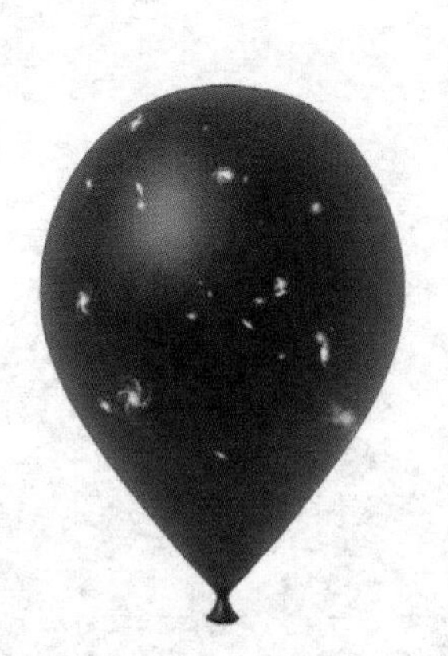

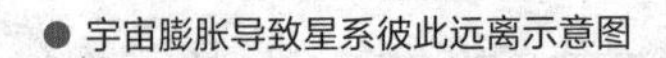

● 宇宙膨胀导致星系彼此远离示意图

● 138.2 亿年前，宇宙大爆炸示意图

学家埃德温·哈勃通过观察发现了“红移现象”。根据光的多普勒效应，光波频率的变化使人感觉到颜色的变化。如果恒星远离我们而去，相当于光的波长被拉伸，那么光的谱线就会向红端移动，这种现象称为红移；如果恒星朝向我们运动，相当于光波被压缩，那么光的谱线就会向紫端移动，这种现象称为蓝移。埃德温·哈勃提出了著名的哈勃定律（2018 年经国际天文联合会表决通过，改名为“哈勃－勒梅特定律”），即星系在以难以想象的速度飞离地球，所有的一切都在远离我们而去，而且距离地球越远的星系，飞离地球的速度越快。实际上，星系并不是真的在向外移动，而是宇宙空间在膨胀，导致星系彼此远离，就如同一个表面画有许多星系的气球，随着气球不断膨胀，气球表面的星系会彼此远离，而不是真的在移动。

哈勃定律使宇宙大爆炸假说成为一种理论，现在宇宙大爆炸模型已经成为 20 世纪自然科学的四大模型之一，成为现代科学的基石。

哈勃定律表明，宇宙现在仍在以人们难以置信的速度膨胀着，而且膨胀的速度越来越快。宇宙大爆炸可谓“世间造物主”，它创造了时间、空间和宇宙万物，包括我们人类。“宇宙大爆炸”是科学家们用来形容宇宙急速膨胀的一种描述，而不是宇宙真的发生了爆炸。宇宙大爆炸也与人们在生活中看到的爆炸不一样，宇宙大爆炸没有声音，因为没有压力波在空间中加速，所以不会产生巨响。

宇宙中的一切，就连宇宙本身，都是在宇宙大爆炸中产生的。

● 以天文学家埃德温·哈勃的名字命名的哈勃空间望远镜

宇宙的中心在哪里？ 02

严格说来，宇宙没有中心，宇宙中的每一个点都是宇宙膨胀的中心，都在均匀地向外扩张。究竟是什么力量在促使宇宙膨胀呢？爱因斯坦认为是暗能量。

暗能量促使宇宙膨胀。

暗能量是一种均匀分布在宇宙中的能量，最初是由爱因斯坦于 1916 年根据广义相对论推算出来的。根据欧洲空间局（ESA）发射的普朗克卫星于 2013 年探测到的数据，宇宙是由 26.8% 的暗物质、68.3% 的暗能量和约 4.9% 的可见物质组成的。暗能量看不见、摸不着，但与万有引力作用相反，能加速宇宙的膨胀，因此也被科学家们称为“万有斥力”。

最新研究成果显示，黑洞中可能包含暗能量，且与宇宙的膨胀相耦合。“耦合”是指随着宇宙的不断膨胀，黑洞的质量也在不断增加。这一解释也与爱因斯坦的广义相对论相吻合。

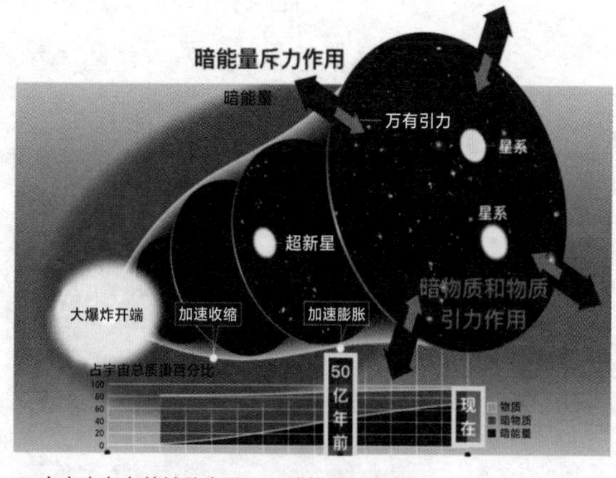

● 宇宙中存在的神秘力量——暗能量示意图

03 我们能到达宇宙的边界吗？

现代宇宙学和现代物理学都证明，宇宙是有限而无边的。宇宙的膨胀遵守哈勃定律，即距离地球越远的星球，飞离地球的速度越快，而支持宇宙急速膨胀的力量是至今仍没被发现的暗能量。

据推测，宇宙的可观测直径约为930亿光年。不过，即使你以光速朝宇宙边界飞行，也无法到达宇宙的边界，因为宇宙膨胀的速度是光速的好几倍。请不要误解，超过光速的是宇宙的膨胀速度，而不是天体的运动速度。因此，虽然宇宙是有限的，但其边界几乎难以确定。

前面我们曾把极速膨胀的宇宙形象地比作被快速吹胀的气球，假设一只飞蛾正位于气球内部，而气球膨胀的速度远远大于飞蛾的飞行速度，那么这只飞蛾飞得再快也永远飞不到气球的球面上。

综上所述，无论我们的飞行速度有多快，即使达到光速（实际上是不可能的），也无法到达宇宙的边界。

星星是怎么来的？ 04

一般我们所说的星星，指的是恒星，因此要回答这个问题，首先要知道宇宙大爆炸后发生了什么，其次要知道恒星是怎么形成的。

起初，宇宙无限小，是一个没有时间和空间的点，但这个点有无限温度、无限密度和无限能量，被天文学家们称为“奇点”。138.2亿年前，奇点突然发生戏剧性膨胀，天文学家们形象地称之为“宇宙大爆炸”。

● 物理学家爱因斯坦的研究与发现，为人类研究宇宙做出了非凡的贡献

宇宙大爆炸后1秒，宇宙温度约为100亿开[1]；大爆后38万年，宇宙温度降至3000开，能量开始转变成物质，爱因斯坦著名的质能方程（$E=mc^2$）证明了这一点。最先形成的物质也是最简单的物质——氢原子；氢原子再聚变，形成氦原子。这个时候的宇宙中充斥着大爆炸残留的气体云和宇宙尘埃，称为分子云。分子云主要由氢和氦组成，形态各异，

---

❶ 开：热力学温度单位，全称为“开尔文”，符号为K。开尔文与摄氏度之间的换算关系为：1摄氏度=1开-273.15。

● 巨大的气体柱从星云中心喷射出来

犹如一幅幅五彩斑斓的画卷，颇为壮观。

在宇宙中，有数不清的分子云，它们在自身引力的作用下发生坍缩，氢原子相互碰撞，温度不断升高，尘埃和气团在引力的作用下不断聚集，形成庞大的旋涡状星云；在引力的持续作用下，星云物质不断聚集，温度持续升高，慢慢形成了巨大的盘状星云，其直径比太阳系还要大；随着引力的作用，盘状星云的气体不断被挤压，形成高温、高密度的球体；随着球体自身的旋转，球体内部的压力越来越大，巨大的气体柱从中心喷出。

随着中心气体柱的不断喷发，球体的自转速度加快，引力持续增强，气体和宇宙尘埃不断被吸入，并相互挤压，产生越来越多的热量。球体核心的温度持续增高，一旦达到 1500 万摄氏度，球体核心就会启动氢聚变反应，并发光发热，这样，一颗恒星就诞生了！随着时间的推移，宇宙中形成了数不胜数的恒星。

恒星大小不同，寿命也不一样。在宇宙诞生后的 138.2 亿年间，无数恒星生成和死亡，循环往复，永无止境。死亡的恒星为新恒星的形成提供了物质。

无数恒星生成和死亡，循环往复。死亡的恒星为新恒星的形成提供了物质。

05 宇宙中有多少颗星星？

2016年，英国诺丁汉大学的科研团队通过观测，计算出可观测宇宙中有多达2万亿个星系，假如每个星系中有1000亿颗恒星，那么以此计算，宇宙中有多达2000万亿亿颗恒星。

在可观测宇宙中，有多达2000万亿亿颗恒星。

如今全球有约80亿人，假如每人每秒数1颗恒星，那么将需要80万年才能数完可观测宇宙中的所有恒星。遗憾的是，还有许许多多星系，是人类当前观测不到的。可以说，宇宙中恒星的数量，堪比地球上沙砾的数量。

● 星光闪烁的夜空

星星为什么会发光？ 06

夜空中，我们肉眼可见的“发光”的星星有两类，一类是恒星，一类是行星。恒星自己就能发光，因此看起来很明亮，行星自己不能发光，但为什么有的看起来也很明亮呢？那是因为它们能反射恒星的光。

先来说说恒星为什么会发光。

根据恒星的形成原理，我们知道恒星都是由氢元素和氦元素组成的。恒星内部的温度超过 1500 万摄氏度，就会引发氢聚变反应，4 个氢元素核聚变形成一个氦原子，同时释放出巨量的光和热。

当恒星内部的氢燃料消耗殆尽时，就会启动氦聚

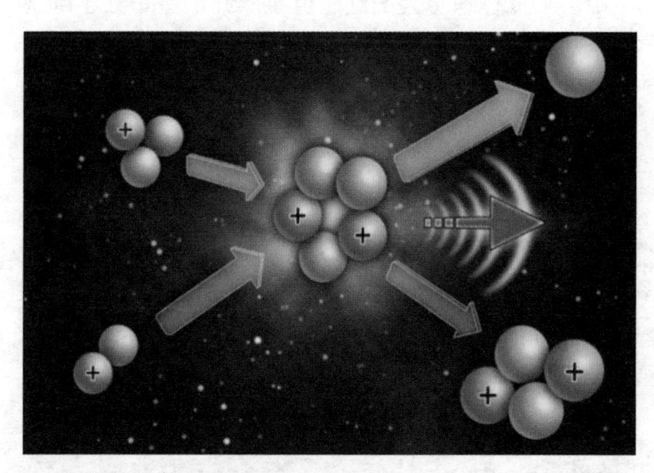

● 恒星内部氢聚变反应过程示意图

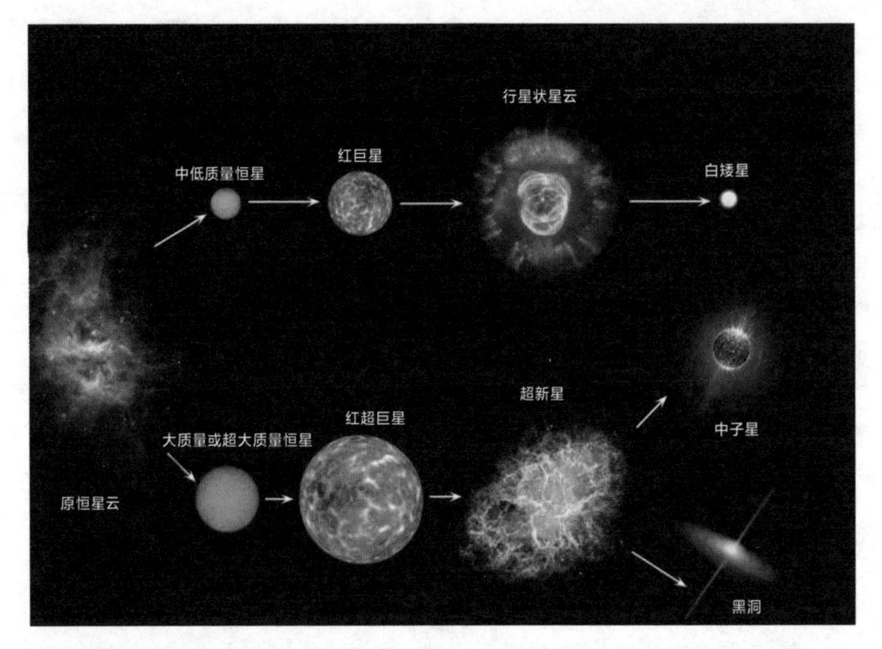

● 不同质量恒星的死亡过程和最终形态

变反应，恒星就会膨胀，这时，中低质量（1~8 倍太阳质量）的恒星会形成红巨星，而大质量（9~30 倍太阳质量）或超大质量（大于 30 倍太阳质量）的恒星则会形成体积更大的红超巨星。红巨星和红超巨星发出的光看上去都是红色的，它们也因此而得名。

当恒星内部的氢、氦等燃料消耗殆尽时，恒星就走向了死亡。不同质量恒星的死亡方式也不一样，中低质量恒星会以行星状星云的形式死亡，并最终变成一颗白矮星；大质量或超大质量恒星则会发生超新星爆发。超新星爆发宣告了大质量或超大质量恒星的死亡，并发出宇宙中最明亮、最耀眼的光。最终，大质量恒星会变成中子星，超大质量恒星则会变成黑洞。

可以说，一颗恒星从诞生到濒临死亡（形成红巨星或红超巨星），再到死亡（变成行星状星云或发生超新星爆发），都在发光，只是发光的程度不同而已。

再来说说行星。

行星最初都是种子星，然后就像一粒冰晶不断结合变大，形成冰雹一样，种子星不断与四周的小行星碎片发生碰撞，最后形成岩石质行星。在太阳系中，靠近太阳的四颗行星——水星、金星、地球和火星，都是固态的岩石质行星；远离太阳的四颗行星——木星、土星、天王星和海王星，由于受到太阳风的作用较弱，只有内核是岩石质的，外层则是氢气、氦气等，是气态巨行星。

大质量恒星最终会变成中子星，超大质量恒星则会变成黑洞。

从行星的形成原理来看，行星内部不发生核聚变反应，因此不会发光和发热。有的行星看上去是明亮的，是因为反射了恒星的光，例如地球唯一的卫星——月亮，就是一颗岩石构成的行星，它可以反射太阳的光，因此从地球上看它是明亮的。

● 月亮通过反射太阳的光而“发光”

07 第一个原子是如何产生的？

宇宙大爆炸后一千亿亿亿亿亿分之一秒，宇宙温度约为 1.4 亿亿亿亿开，这个阶段称为普朗克时期。在此之前，宇宙的密度可能超过每立方厘米 1 亿亿亿亿亿亿亿亿亿亿吨，当时只有一种力（物理学），那就是引力。引力因宇宙冷却而被分离出来，并独立存在。这时候，宇宙中存在一种引力子，传递引力而相互作用，宇宙中的其他力（宇宙中有四种力，第一种是引力，第二种是强核力，第三种是弱核力，第四种是电磁力）仍为一体。

宇宙大爆炸后一百亿亿亿亿分之一秒，宇宙温度约为 1000 亿亿亿开，宇宙进入暴胀期，此时引力已分离，形成了夸克、玻色子、轻子等粒子。在这一阶段，由于宇宙的进一步冷却，强核力被分离出来，而弱核

● 宇宙从高尔夫球大小膨胀到地球大小示意图

力及电磁力仍然统一于所谓电弱相互作用。

宇宙发生暴胀的时间仅持续了一亿亿亿亿分之一秒，在此瞬间，宇宙经历了 100 次加倍（2 的 100 次方）的膨胀，宇宙（空间与时间）比先前增大了 100 万亿亿亿亿亿亿亿亿亿倍。

宇宙大爆炸后一万亿分之一秒，宇宙温度约为 1000 万亿开，宇宙进入粒子形成期，质子、中子及其反粒子形成，玻色子、中微子、电子、夸克以及胶子稳定下来。这时候宇宙变得足够冷，电弱相互作用分解为电磁力和弱核力。

宇宙大爆炸后一万分之一秒，轻子家族（电子、中微子以及相应的反粒子）才与其他粒子分离开来。

宇宙大爆炸后 0.01 秒，宇宙温度约为 1000 亿开，这时的宇宙以光子、电子和中微子为主，质子和中子仅占十亿分之一。宇宙处于热平衡状态，体积急剧膨胀，温度和密度不断下降。

宇宙中有四种力，第一种是引力，第二种是强核力，第三种是弱核力，第四种是电磁力。

宇宙大爆炸后 1 秒，宇宙温度约为 100 亿开，形成一锅夸克 - 胶子汤，包含诸如质子、中子、电子等。这时，由于温度太低，中微子无法与其他粒子相互作用，而质子和中子的数量则变得相对固定，大约是 7 个质子对应 1 个中子。由于氢原子核由 1 个质子构成，因此这一时期的宇宙基本上是一锅氢原子核的汤。但是，随着温度继续降低，氢核聚变反应就可能出现了。

宇宙大爆炸后 10（或 15）秒，宇宙温度约为 30 亿开，这样的温度足以让质子吸收中子，形成由重氢构成的原子核，即氘（dāo）。宇宙从此进入原子核形成时期，开始形成氘原子核。

宇宙大爆炸后 3 分钟，宇宙温度约为 10 亿开，强核力的作用使质子与中子聚为一体，氘原子核开始成对形成氦原子核（2 个质子和

2个中子）。这时的宇宙中充满了氢原子核与氦原子核，但因为没有电子围绕，所以还没有形成中性原子。在这一时期的宇宙中，仍是1个中子对应7个质子，所以每7个质子中，就有6个质子没有中子陪伴。质子和中子是自然界中最重的粒子，这时期的宇宙中，没有中子陪伴的质子占宇宙的75%，另外的25%是质子与中子结合形成的氘，氘很快就变成了氦。这就是大爆炸所产生的宇宙物质含量，氢的质量占比是75%，氦是25%。这是根据宇宙大爆炸理论计算出来的，与天文学家实际观测到的古老恒星物质含量相吻合。

宇宙大爆炸后38万年，宇宙温度约为3000开，在化学结合作用下，带正电荷的质子吸引带负电荷的电子，中性原子形成，随后形成第一种物质——氢原子，紧接着形成第二种物质——氦原子，从此宇宙开始变得透明，第一道光才能够穿过混沌的宇宙。

● 宇宙的暴胀——能量转化为物质

宇宙大爆炸后38万年，宇宙才从无物质的纯能量状态，变成物质的粒子世界

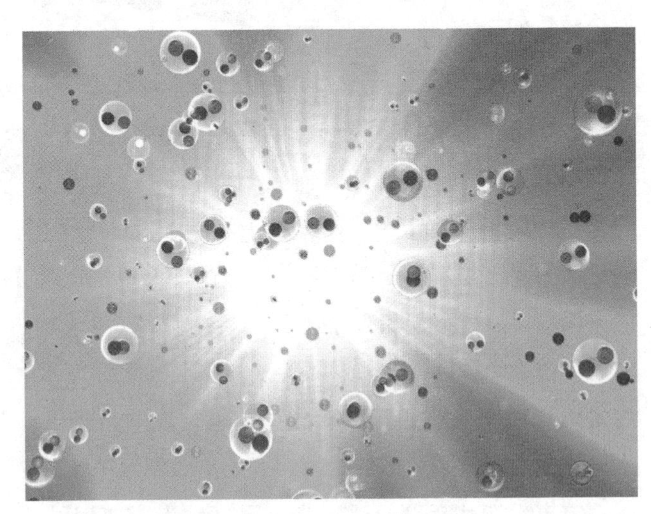

自然元素是如何形成的？ 08

人类可以看见的宇宙物质，大到星球、山川、河流、动物、植物等，小到肉眼看不到（须要借助仪器观察）的病毒、细菌等，仅仅占宇宙总质量的4.9%，它们都是由不同的自然元素构成的。宇宙中共有94种自然元素，宇宙大爆炸产生了氢元素和氦元素，其他92种自然元素都是恒星核聚变或中子俘获形成的。

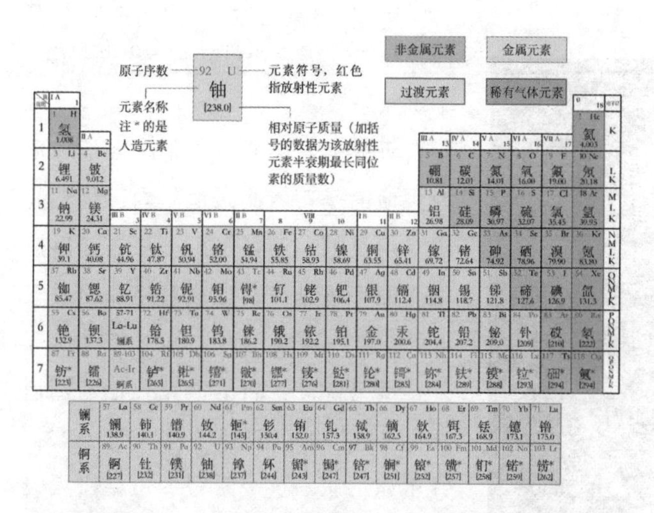

● 元素周期表

元素周期表发展到今天，共有118种元素，分为7个横行、18个纵列。每一个横行叫作一个周期，每一个纵列叫作一个族（8、9、10三个纵列共同组成一个族）

通过天文学我们可以了解到，恒星就是一个“元素加工厂”，能够通过核聚变，将宇宙中的氢元素生成为3~26号元素。

最重要的生命元素——3~16号元素的形成

在中低质量恒星内部，氢元素首先核聚变成氦元素，释放大量能量；当氢燃料耗尽时，向外的光压消失，引力占据上风，恒星迅速坍缩，留下一层氢－氦组成的外壳；恒星因坍缩，内核温度迅速升高到1亿摄氏度，启动氦聚变反应。2个氦聚变成铍（pí）-8（由4个质子和4个中子组成），铍-8是不稳定的，衰变产生核辐射，恒星内部温度又进一步升高，超过1亿摄氏度。铍-8再与第3个氦原子核聚变成1个碳-12。碳-12源自垂死恒星的心脏，是构成地球所有生命的基石。此时恒星内部仍然是极其炽热的，使得氦原子核与新形成的碳原子核结合，形成对生命至关重要的元素——氧-16。

● 元素周期表的发明者——俄国化学家门捷列夫

氦聚变产生新的能量，抵消掉恒星自身的坍缩，恒星又一次稳定下来，并迅速膨胀。这个阶段的恒星进入衰老期，形成红巨星，其半径会膨胀200~300倍。

生命必需的元素——17~26号元素的形成

对于大质量恒星，当氦聚变结束时，引力会进一步压缩恒星内核，内核温度再度升高，启动宇宙中的第三次元素生产。当恒星内核温度上升到数亿摄氏度时，碳-12与2个氦-4结合生成氖（氖-20）；氖-20与氦（氦-4）核聚变成镁-24；2个碳原子核聚变的副产物为钠-22，此后一个接一个重元素生成。恒星内核进一步收缩，温度持续升高，触发新一轮核聚变，将刚刚生成的元素组成的壳层留在外面。

在合成了元素周期表上的前13个元素之后，这个失控的“生产线”开始以硅为燃料，启动一系列复杂的反应，直到合成第26个元素——铁。这时恒星的温度已经高达25亿摄氏度，但不会继续升高了。铁原子核的稳定性达到了巅峰，无论再怎么往铁原子里填塞质子或中子，它都不会再释放能量了。

碳-12源自垂死恒星的心脏，是构成地球所有生命的基石。

超新星爆发或中子星碰撞的产物——27~94号超重元素的形成

比铁元素序号更大的元素叫作超重元素，超重元素只能通过中子俘获的方式获得。中子不带电，因此比质子更容易接近原子核，中子被原子核强力抓住的过程，叫作中子俘获。中子俘获又分为慢中子俘获过程（s过程）和快中子俘获过程（r过程）。

当大质量恒星演化为红超巨星时，恒星内部聚集了丰富的铁元素，还有密度高达每立方厘米1亿个中子的中子流，于是铁-56俘获一个中子变为铁-57，随后铁-57的原子核发生β衰变，释放一个高能

● 超新星爆发形成重金属元素示意图

电子，生成比铁高 1 号的 27 号元素——钴（gǔ），也就是钴 -57，然后钴 -57 继续通过中子俘获，生成更重的元素。

慢中子俘获的温度低，中子俘获过程时间长，如果生成元素的半衰期太短，生成元素就会在下一次尚未俘获中子时发生衰变，因此慢中子俘获过程只能生成小部分超重元素。

快中子俘获过程时间短，可以生成大量超重元素。超大质量恒星在超新星爆发或者中子星相互撞击时，温度达 100 亿摄氏度以上，中子密度可达每立方厘米 1000 万亿亿个，铁元素被这样的超高密度中子包围，很容易进行快中子俘获，并迅速发生 β 衰变，最终变成较稳定的原子核。铜、砷（shēn）、硒（xī）等人体必需的微量元素，金、银、镉、铱（yī）、锇（é）、铂等重元素，都可以通过快中子俘获制造出来。

银河系是如何形成的？ 09

银河系是宇宙中最古老的星系之一。

前面我们讲过，宇宙诞生于138.2亿年前的一次大爆炸。大爆炸后第一个4亿年里，由于热量过多等因素，宇宙完全处于电离状态，很难形成星系。约128亿年前，随着温度降低，宇宙渐渐稳定下来，在一个大质量黑洞携带的一片气态星云中，诞生了银河系中的第一批恒星，形成了原始的银河系核心，即银河系的雏形。在引力作用下，周边的星系不断融入，

● 银河系的雏形

经过上百亿年的演化，才形成今天的银河系。

经过上百亿年的演化，今天的银河系才形成。

银河系由许多星团构成。星云坍缩时分裂成团块，因此，恒星往往以团体的方式诞生，这些聚集在一起的恒星，也被称作星团。

现在的银河系状如铁饼，直径为10万~20万光年，包括1500亿~4000亿颗恒星，还有大量星团、星云，以及各种类型的星际气体、星际尘埃和黑洞。银河系的可见总质量约是太阳质量的1.5万亿倍。

● 鸟瞰银河系

太阳是如何形成的？ 10

太阳是宇宙亿万颗恒星中一颗普通的中低质量恒星，形成过程与其他恒星其实并无差别。

宇宙大爆炸后初期，宇宙中充斥着残留的分子云，即气体云和宇宙尘埃，它们主要由氢和氦组成。约 46

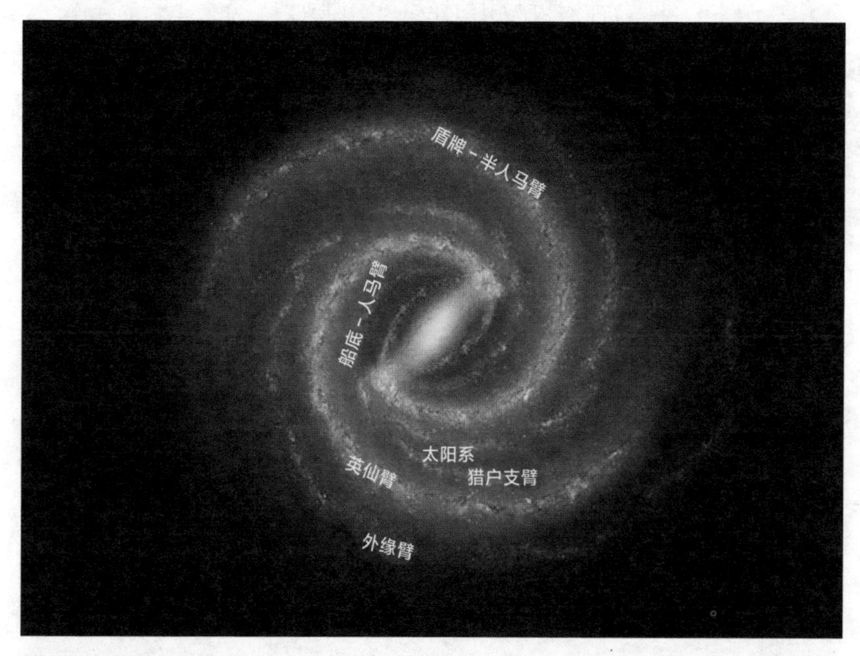

● 太阳系在银河系中的位置

太阳系位于银河系的猎户支臂上，猎户支臂位于英仙臂和人马臂之间。太阳系围绕着银心（银河系的中心）运动，公转速度约为 220 千米 / 秒，绕行一圈大概需 2.2 亿年。太阳系离银心不远也不近，恰好处在银河系的宜居带上

亿年前，在银河系猎户支臂上，有一小块氢气分子云在宇宙超新星爆发的扰动下，受自身引力的影响，发生坍缩，氢原子相互碰撞，温度升高，尘埃和气团在引力的作用下不断聚集，形成了庞大的旋涡状星云；随着引力的持续作用，物质进一步聚集，温度持续升高……当温度达到1500万摄氏度时，球体核心启动氢聚变反应，一颗对生命至关重要的恒星——太阳诞生了！

如今，太阳已有46亿岁，在这46亿年间，它从一个太阳胚胎，经历了儿童期和少年期，目前正值青壮年期，其发光发热也达到最高峰。地球上的一切生命都依赖太阳的光和热，即所谓“万物生长靠太阳”。

46亿岁的太阳正值青壮年，还可以继续为地球提供光和热。

据科学家们推算，太阳还可以继续发光发热约50亿年，也就是说，约50亿年后，太阳就会变成一颗红巨星，体积会膨胀3000多万倍。届时，靠近太阳的水星、金星都会被变成红巨星的太阳吞噬，而地球离太阳很近，由于被太阳烘烤，地表的一切都将灰飞烟灭。不过，请不要担心，即使人类能够再生存50亿年，到那时候，人类或许也已经逃离到其他宜居的行星上了。无论如何，现在的我们谁也等不到那一天。

太阳的“燃烧”能用水浇灭吗？

11

严格来说，太阳的发光发热不是我们通常见到的“燃烧”所产生的。我们通常说的“燃烧”，是指可燃物与氧气进行的、快速发热发光的氧化反应，其过程中会产生熊熊的火焰。太阳之所以能够发光发热，是因为其核心时时刻刻都在发生氢核聚变反应，犹如亿万颗氢弹爆炸，于是就产生了光和热。

太阳具体是如何发光发热的呢？太阳核心的核聚变反应过程如下。

第一步：2个质子（氕，读作“piē”，也就是通常说的氢元素）结合成双质子组合；双质子极不稳定，会衰变回2个质子（^2H），释放1个正电子（e^+）和1个中微子（ν），此时，产生了能量。

太阳之所以能够发光发热，是因为其核心时时刻刻都在发生氢核聚变反应。

第二步：当正电子与周围的负电子相遇时，会湮灭成2个光子，于是就产生了光。

第三步：质子在衰变过程中转化为中子，这时，会形成氘原子核（1个质子和1个中子，重氢）；氘原子核很快与1个质子融合生成氦-3，同时释放伽马射线（γ射线）。

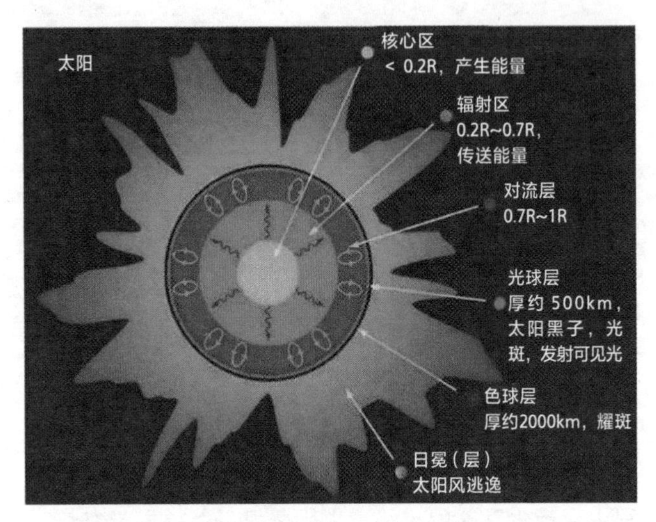

● 太阳内部结构示意图

核心区：位于0~0.2个太阳半径的区域，温度高达约1500万摄氏度，犹如太阳的核聚变反应堆，在这里氢核聚变成氦

辐射层：位于0.2~0.7个太阳半径的区域，密度之大，连部分光子都能吸收；向外发射电磁波和粒子流

对流层：位于0.7~1个太阳半径的区域，为热等离子体，其底部温度约为20万摄氏度，顶部温度约为5700摄氏度，因巨大的温度差而发生对流，能量向外传输

光球层：厚约500千米，发出的辐射或可见光可到达地球。我们看到的太阳“表面”就是光球层，实际上太阳并没有固态表面

色球层：厚约2000千米，温度达几万摄氏度，使氢元素发出微弱的光，并因此而得名。日全食时，我们看到的红色光圈就是太阳的色球层

日冕（层）：太阳大气的最外层，温度为100万~500万摄氏度。日全食时，我们看到的青白色光区，就是太阳的日冕层。太阳风（高能带电的质子和电子）就是从日冕层逃逸到外层空间的

第四步：2个氦-3融合生成氦-4，同时释放出了2个质子（氕）。

太阳核心的核聚变反应，即4个氢原子核聚变成氦，在此过程中，有约千分之七的物质转变成能量，也就是说，在太阳内部，每秒约有6亿吨氢核聚变成5.96亿吨氦，同时有400万吨物质转换成能量，并以

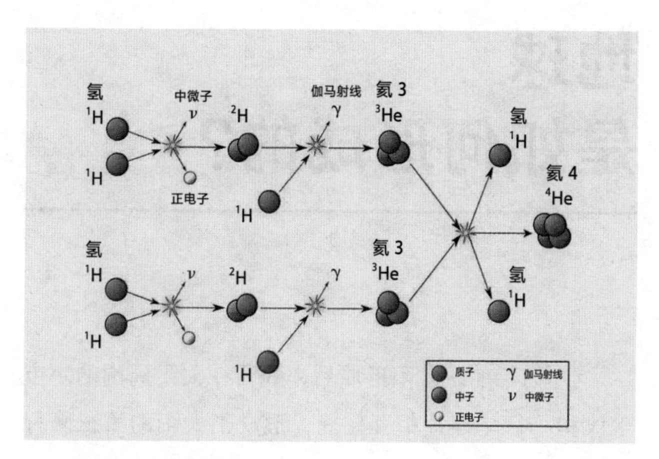

● 太阳内部核聚变反应示意图

光和热的形式释放出来，地球万物就是依靠其释放的部分光和热，生长繁衍。

综上所述，太阳的光和热是其内部的氢核聚变反应产生的，而不是燃烧产生的，因此其“燃烧”也是无法用水浇灭的。

12 地球是如何形成的？

46亿年前，太阳形成后，残留在太阳周围的宇宙尘埃和小行星碎片相互碰撞，形成了太阳的第三颗行星——原地球，它是由固态的硅酸盐矿物与金属矿物相互混合而成的。

根据目前学术界较为认同的月球起源"撞击说"，原地球形成数千万年后，一个大小如火星的小行星斜向撞击地球，形成了地球唯一的卫星——月球。41亿～

● 太阳形成后，小行星碎片碰撞形成地球示意图

● 熔融状态的、炽热的原地球

38亿年前，地球和月球进入“后期重轰炸期”，月球上形成了密密麻麻的陨石坑。地球每天都受到成百上千颗微小行星的撞击，加之地球内部放射性元素的衰变，导致这一时期的地球处于熔融状态，表面包裹着炙热的岩浆，犹如一个火红的“软蛋”。

后来，随着小行星撞击次数的减少，地球温度逐渐下降，地表冷凝，形成地壳。在放射性元素的作用下，地球内部仍然极为炽热，导致火山喷发频繁发生，这种剧烈的火山活动产生了大量挥发性气体，挥发性气体在地球重力的作用下，围绕地球形成了次生大气层。次生大气层中没有氧气，其主要成分是水蒸气、二氧化碳和氮气。随着地球温度的持续降低，慢慢形成了笼罩地球的浓厚云层，即大气圈的雏形。

大气温度的持续降低，使富含水蒸气的云层形成降雨。雨持续不断地降落到地壳上，有科学家认为这场降雨持续了约千年之久。地壳持续冷却，最先在地壳低洼处形成了海。在海底，地下炙热的岩浆从裂隙中喷出滚烫的水汽，形成海底热泉。热泉附近的海水温度达两三百摄氏度，犹如达尔文所说的“温暖的小池塘”，生物化学家们则称之为“原始的化学汤”，最后的共同祖先——露卡（Last Universal Common Ancestor，LUCA）就是在这里诞生的。

13 月球是如何形成的？

关于月球的形成，大致有以下四种假说。

第一种，分裂说。该假说认为，月球是地球的“亲生女儿”，即月球是从地球中分裂出来的。地球在形成初期呈熔融状态，且旋转飞快（自转速率比现在要高得多），一部分熔融物质在赤道面上形成膨胀区，然后在高速自转下被从赤道面上甩了出去。被甩出去的物质在地球附近的星际空间凝聚，而后形成月球。该假说还认为，太平洋就是地球分裂出月球后留下的“疤痕”。分裂说也被形象地称为“母女说”，不过，该假说现在已被大多数科学家所摈弃。

月球表面的化学成分与地壳的化学成分基本一致。

第二种，同源说。该假说认为，月球与地球是“姐妹”或“兄弟”，即二者是在太阳星云凝聚过程中同时形成的，或者说是在星云的同一区域内形成的。该假说的模式与太阳星云的凝聚过程及地月系的运动特征不尽相符，因此也不具有说服力。

第三种，俘获说。该假说认为，月球是地球“抢来”的，地球和月球原本处在太阳星云的不同部位，由不同化学成分的星云物质凝聚而成，月球原来的运行轨道与地球的轨道面交角约为 5 度，当月球运行到地球附近、地月距离在10个地球半径内时，月球被地球俘获，成为地球的卫星。现代激光测距的数据表明，现今月球的轨道越来越远离地球，因此俘获说只能解释部分观测事实，并不能令人满意。

第四种，撞击说。该假说也称“大碰撞说”，是20世纪80年代中期提出的，能够解释更多的观测事实，是当今较合理的月球起源假说。

在以上四种假说中，只有碰撞说获得了学术界的较多认可，并有地球化学研究证明。下面我们就来重点说说“碰撞说”。

45亿年前，更准确地说是45.3亿年前，一个名

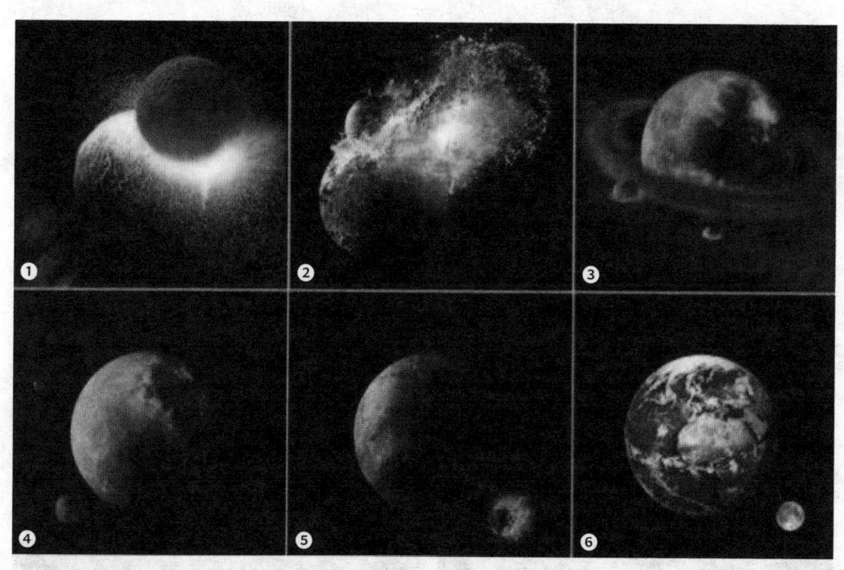

● 月球形成示意图

❶ 原月球斜向撞击原地球；❷ 原月球粉身碎骨，与原地球岩石尘埃一起飞离原地球；❸ 被撞碎、裹挟在一起的物质，在原地球的引力作用下，部分被吸积，部分围绕原地球运动；❹ 围绕原地球运动的较大的碎片形成一个星子；❺ 星子与碎片发生碰撞，并聚积在一起形成了月球雏形；❻ 随着碎片的不断撞击，月球雏形逐渐变大，最终成为地球的卫星——月球

叫“忒伊亚”、直径约为3400千米(约相当于地球直径的1/4)、大小犹如现在火星的小行星——原月球,由于与地球相距过近,剧烈地斜向撞击原地球,使原地球的自转角度发生了偏斜。原地球表面的岩石被粉碎成尘埃,原月球的幔壳岩石也被撞得粉碎,这些被撞碎的物质(大约15%的原地球物质和85%的原月球物质)裹挟在一起,形成一股炽热的气浪,飞离原地球,并因气体膨胀而减速。在原地球引力的作用下,这些尘埃碎片一部分被吸积到原地球上,另一部分则绕地球旋转。围绕地球旋转的较大的碎片形成了月球的种子——星子,星子与尘埃碎片不断碰撞并相互吸积,像滚雪球一样逐渐变大,最终形成了一个围绕地球运动的小天体——月球。刚形成的月球,大小只有现在月球的90%。

2006年,欧洲空间局完成了对月球表面化学成分的测定,结果表明,月球表面的化学成分与地壳的化学成分基本一致,这为月球起源“碰撞说”提供了有力的佐证。

● 我们能够看到的月球的正面

● 我们看不到的月球的背面

地球上的氧气最初是怎么来的？ 14

45 亿 ~36 亿年前，地球形成后，围绕地球形成了次生大气层，次生大气层中没有氧气，只有水蒸气（占 78%）、二氧化碳（占 12%）、氮气（占 9%）以及少量的硫化氢、氨气等分子量较大的气体。随着地球温度的持续降低，在地球引力的不断作用下，慢慢形成了笼罩地球的浓厚云层，即大气圈的雏形。

一直到 10 亿年前，地球上的氧气基本上都是由蓝藻的光合作用产生的。

随着大气温度的继续降低，蕴含水蒸气的云层形成降雨，加之彗星的撞击，大约在 40 亿年前，地球上形成了原始的海洋。

约 35 亿年前，海洋中出现了最早的生物——蓝藻。蓝藻又叫蓝细菌，是最简单的原核生物，也是单细胞生物。蓝藻细胞内有叶绿素 a，能进行光合作用，即将体内的水分解为氢气和氧气，将氧气释放到大气中，再吸收大气中的二氧化碳，与分解的氢气化合成葡萄糖，葡萄糖可以为蓝藻的生长提供营养。蓝藻出现约 11 亿年后，24 亿 ~21 亿年前，地球上发生了著名的“第一次大氧化事件”，该事件促使原核生物进化为真核生物。约 10 亿年前，蓝藻进化出最早的多细胞真核

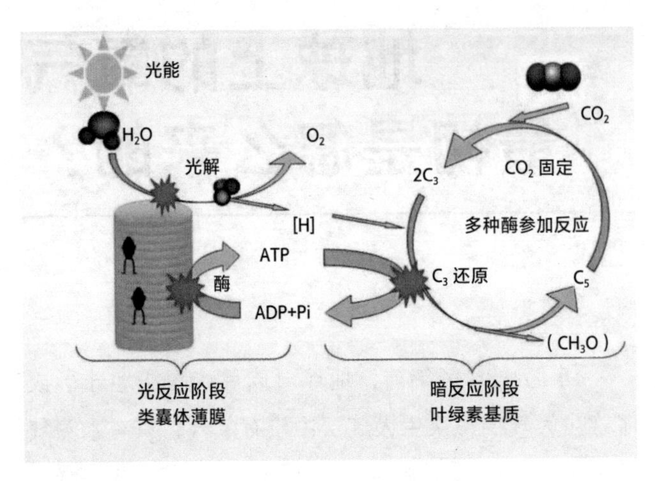

● 蓝藻的光合作用示意图

生物——绿藻。绿藻是最早的植物，也是所有陆生植物的祖先。从35亿年前开始，一直到10亿年前，地球上的氧气基本上都是由蓝藻的光合作用产生的。

4.3亿年前，绿藻进化出裸蕨，不久，裸蕨进化出蕨类植物。在泥盆纪至石炭纪，约4亿~2.99亿年前，蕨类植物形成原始森林，植物细胞的叶绿体在光合作用下，释放氧气，吸收二氧化碳。此时，空气中已经有了足够的氧气，为陆生动物的繁衍创造了条件。

3.85亿年前，裸蕨进化出种子植物，种子植物又分别演化出裸子植物和被子植物。裸子植物在二叠纪晚期至白垩纪晚期（2.7亿~0.66亿年前）达到繁盛。约1.45亿年前，出现了第一种开花植物，即被子植物，叫中华古果，其化石发现于我国东北地区辽宁省西部。自6600万年前开始，被子植物蓬勃发展，裸子植物开始衰落，现在只剩下松柏类、苏铁、银杏等植物。

可以说，从4.3亿年前至今，地球上的绝大部分

● 现生蕨类植物

● 银杏

银杏是我国特有的一种裸子植物，也是世界上现存最古老的树种之一，被称为“活化石”

氧气都是由高大繁盛的植物通过光合作用产生的。植物通过光合作用产生氧气，而陆生动物吸收氧气，呼出供植物吸收的二氧化碳，这样动物与植物就形成了互相依赖的共生关系。

除藻类和植物的光合作用可以产生氧气外，超大陆合并、分解和雪球地球事件会加速、加大地表风化作用，大量富含磷、铁等硫酸盐的陆源碎屑物质进入海洋，并沉积在洋底，导致厌氧细菌大量繁殖，其体内通过还原反应，形成大量有机碳和黄铁矿，同时也会生成大量氧气。

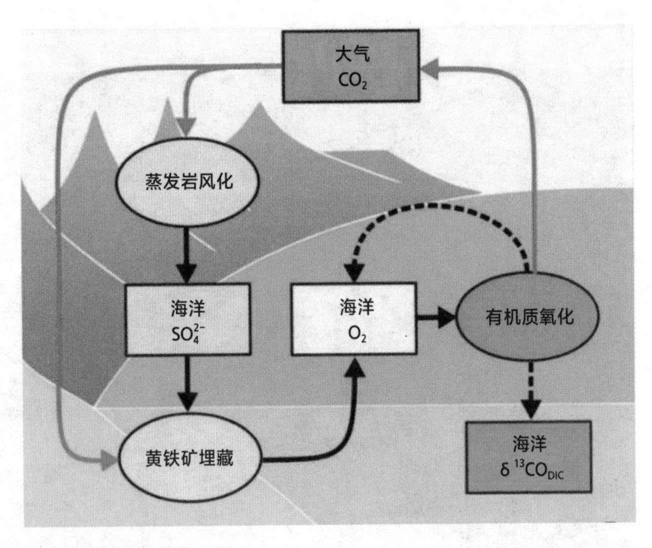

● 风化作用产生氧气示意图

地球上的氧气会耗尽吗？ 15

要回答这个问题，首先要了解地球各历史时期氧含量的变化情况。

大致来说，地球大气中的氧含量经历了两次大氧化事件和两大稳定期。在45亿年前至35亿年前的10亿年间，地球海洋和大气中几乎不含氧气，生活在海洋中的微生物都是厌氧细菌，氧气对这些生物而言，就是致命的毒气。35亿年前，海洋中诞生了蓝藻，开启了生物光合作用的历史，海洋和大气中的氧气开始慢慢积累。30亿年前，海水中的氧气与铁发生反应，形成了著名的中新太古代条带状铁建造（BIF），消耗了大量氧气，因此大气中的氧含量一直处于较低水平。

● 条带状铁建造

三价铁氧化物（如赤铁矿 Fe_2O_3）使条带状铁建造呈现出美丽的红色

随着海洋中被氧化的铁元素减少，大气中的氧气开始积累。24 亿 ~21 亿年前，地球上发生了第一次大氧化事件，大气中的氧含量骤然升高到 1%。第一次大氧化事件促成了生命进化史上的一次重大事件——吸收氧气的真核生物诞生。

18 亿 ~8 亿年前，地球生命进入“静默期”，大气中的氧含量基本维持在 1%，生命进化处于停滞状态。直到 7.5 亿年前，罗迪尼亚大陆开始分解，开启了第二次雪球地球事件，风化作用变得剧烈，进入海洋的富含磷和铁的硫酸盐陆源物质增多，加速了厌氧细菌的繁衍，促进了有机物和黄铁矿的形成，并释放出大量氧气，从而发生了第二次大氧化事件。大气中的氧含量猛增到 12%，加速了生命进化的速度，第一个多细胞动物——海绵诞生，进而演化出大型动物，并引发了著名的寒武纪生命大爆发，海洋中出现了大型的、有外骨骼和眼睛的捕食者——节肢动物，如三叶虫、奇虾、欧巴宾海蝎等。

海绵是人们常用的生活物品，天然海绵是由动物海绵制成的，而我们常用的海绵大多是由木纤维素纤维或发泡塑料聚合物制成的。

约 4.3 亿年前，植物开始登陆，由绿藻进化出的裸蕨登上了陆地。到了石炭纪，陆地上还没有出现大型植食性动物，因此陆生植物十分繁盛，出现了高达几十米的科达树、鳞木、石松类等植物。极度茂盛的植被，通过光合作用增加了大气中的氧气，地球大气中的氧含量一度达到 35%，这促成了巨脉蜻蜓、千足虫、普摩诺蝎等巨虫的繁盛，同时也为大型煤矿的形

● 石炭纪生态复原图

氧含量的增加，促进了体长达 30 厘米的巨脉蜻蜓等巨虫的繁盛

成奠定了基础。

到了二叠纪，大气中的氧含量下降到 23% 左右，接近于现在 21% 的水平。

从地球历史上氧含量的变化情况可知，只要地球上有繁茂的植被和丰富的藻类，它们就能通过光合作用源源不断地产生氧气，同时只要有动物吸收氧气，加上其他氧化作用耗氧，大气中的氧含量就能维持在一个较合理的水平，而不会被消耗殆尽。

● 植物和藻类的光合作用，是地球氧气的主要来源

地球上的岩石是怎么来的？16

地球上最初的岩石从何而来？这就得从宇宙大爆炸，银河系、太阳系的诞生，以及地球的形成说起了。

宇宙大爆炸后38万年，形成了最初的物质——氢和氦元素，这两种元素都是形成恒星的最基本的物质。在随后的几亿年时间里，宇宙中形成了第一批恒星，有了银河系的雏形，恒星的生死循环形成了其他92种自然元素。

约46亿年前，在银河系的某处，一块分子云坍缩，形成了原始的太阳胚胎和原行星盘，围绕在太阳周围的残余星云与宇宙尘埃（主要是硅酸盐、铁、镍，以及包裹这些物质的薄薄冰层），聚集形成固态的小行星碎片。太阳附近首先形成了8颗种子星，距离太阳较近的4颗种子星不断受到小行星碎片的撞击，变得越来越大，最终形成了4颗岩石质行星，即水星、金星、地球和火星。这4颗岩石质行星的主要成分是质量较大的硅酸盐化合物，呈固态形式。从火星向外是小行星带，再向外则是类木行星，也称气态巨行星。

在地球早期，地球上只有岩浆岩。

现在再说说地球。地球形成之初，在小行星的撞击和内部放射性元素的作用下，外部呈熔融状态，就像被岩浆包裹着一样。后来，随着小行星撞击的减少，放射性元素衰变减弱，温度降低，岩浆蒸汽冷却形成雨降到地表，更加速了地球温度的下降，岩浆固结，形成了岩石。可以说，在地球早期，地球上只有岩浆岩。

在地幔对流的作用下，地球板块发生运动，海底的大洋板块俯冲到大陆板块之下，海底的玄武岩和沉积岩发生熔融，玄武岩与水发生反应形成了花岗岩岩浆，岩浆如果沿裂缝侵入地壳内，就形成花岗岩；如果喷出地表，就形成火山岩。花岗岩和火山岩受风化作用剥蚀，沉积在海底形成沉积岩，沉积岩受岩浆作用和温度压力的作用，形成变质岩。在一定条件下，岩浆岩、沉积岩和变质岩三者是可以相互转化的。

由此可见，先有岩石碎块，聚在一起形成地球，熔融成岩浆，再固结成岩石。岩石又因板块俯冲被带到上地幔，重新熔融形成了岩浆，岩浆又侵入地层或喷发到地表，结晶或凝结成岩石。

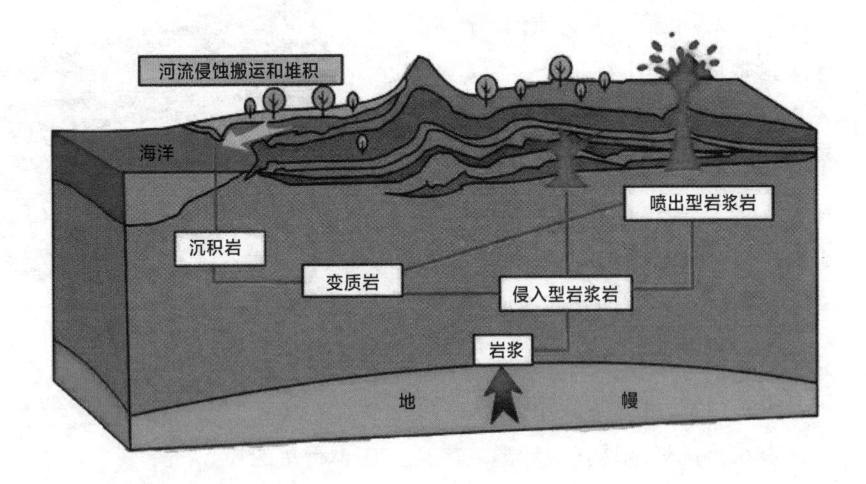

● 岩石圈物质循环示意图

● 岩浆随火山喷发喷出地表，形成火山岩

PART 2
进击的生命

第二章
生命二三事

17 谁是地球上的第一个生命？

演化生物学家们普遍认为，露卡（LUCA）是地球生物最原始的共同祖先，是地球生命的起点。现今地球上的所有生物，无论动物、植物，还是细菌、真菌，都是露卡的子孙后代。

研究表明，约40亿年前，地球上出现了所有生命“最后的共同祖先”——露卡，它是一种能自我复制的有机体，是后来一切生命的根源。露卡很可能是一个松散地聚在一起的原始细胞团块。2016年，德国科学家威廉·马丁通过分析现有生物的600多万个基因，提出露卡有355个基因，这些基因是所有生命最基本的基因，经过40亿年的演化，一直保留至今。这355个基因，已经完成了DNA（脱氧核糖核酸）复制、蛋白质合成和RNA（核糖核酸）转录的蓝图，已经具有现代有机物所具备的所有基本组成部分。

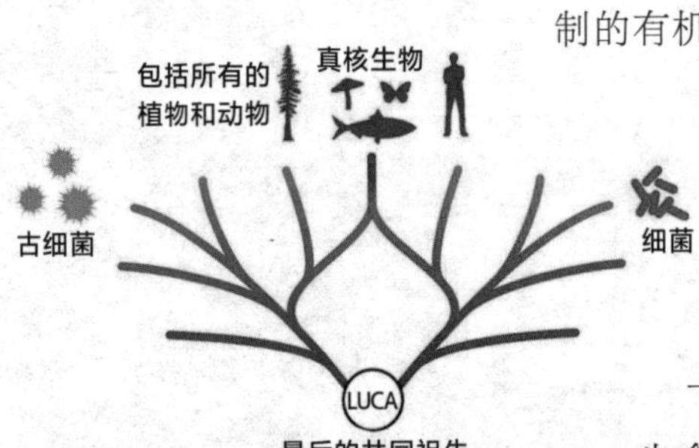

● 露卡（LUCA）演化示意图

从露卡开始，我们很容易了解生命是如何进化的。露卡分别演化出了古细菌和细菌。约21亿年前，在第一次大氧化事件中，古细菌吞噬了好氧细菌，进化出真核生物，好氧细菌后来又演化出线粒体。

● 海底热泉

在大洋底，板块作用形成许多裂隙，被加热的海水从裂隙中喷溢出来，形成海底热泉。热泉温度可达300~800摄氏度，它们与海水混合，形成了达尔文所说的“温暖的小池塘”，“最后的共同祖先”露卡就在热泉附近诞生

关于生命的起源，其实有许多不同的观点，如上帝创世说、自然发生说、生物发生说、宇宙发生说、化学起源说等。经过科学研究和分析，目前学术界普遍接受的观点是化学起源说。

根据现存物种的基因组信息比较结果，科学家们推测，约 40 亿年前，露卡生活在海底高温热泉附近的无氧环境中，那里富含还原性气体，如二氧化碳、二氧化硫、硫化氢、甲烷、氨气、磷酸、氢气等，而且热泉自内而外有一个明显的温度和化合物变化的梯度，即温度和化合物的浓度差。这种环境即生物化学家们所说的“原始的化学汤”。

“原始的化学汤”在宇宙射线、太阳紫外线或闪电的作用下，十分有利于小分子有机物脱水并聚合成高分子有机物，促使无机物向有机生命演化。

在这锅“原始的化学汤”里，无机小分子先生成有机小分子，或简单的有机化合物，如氨基酸、核苷（碱基与核糖连成的分子）等，这已被著名的米勒－尤里实验证实；氨基酸、核苷等有机小分子，经过长期积累，相互作用，在适当条件下，通过缩合作用或聚合作用形成原始的蛋白质分子和核苷酸（核苷与磷酸结合）有机大分子；核苷酸进一步聚合成核酸，如 RNA。RNA 是长链状聚合物，由数千个核苷酸单元组成，具有复制和催化功能。

现今地球上的所有生物，都是露卡（LUCA）的子孙后代。

至此，“原始的化学汤”就演变成了“核苷酸浓汤”，在这锅浓汤里，漂浮着一个个“赤裸裸”的 RNA 分子，反反复复地自我复制。汤里有脂肪物质，形成一个个球形的、像肥皂泡一样的“泡泡膜”，泡泡膜将 RNA 分子包裹起来，原始细胞就诞生了。泡泡膜就是原始细胞的细胞壁，其作用一是吞进更多的核苷酸分子，二是阻止变长的 RNA 大分子“出逃”。

原始细胞吞进去的核苷酸达到极限时，会一个分

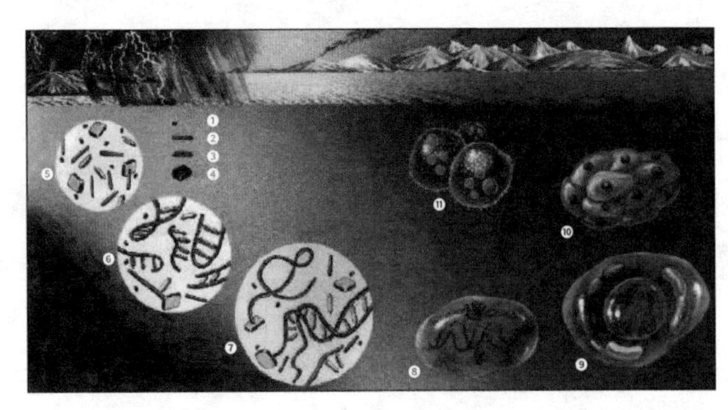

● 地球上的生命可能起源于一锅原始的化学汤（图片来源：Wired）

❶❷❸❹无机物；❺核苷、氨基酸；❻核苷酸；❼核酸、RNA；❽原始细胞或原核细胞；❾真核细胞；❿多细胞集合体；⓫分裂复制的多细胞

● 美国分子生物学家詹姆斯 · 沃森（左）和英国生物学家弗朗西斯 · 克里克（右）共同发现了 DNA 的双螺旋结构

裂成两个，两个分裂成四个，并不断倍增下去。可以说，原始细胞已经具有了分裂复制能力。

在原始细胞中，RNA 既承担储存遗传信息的任务，又具有催化化学反应的作用。只是在后来的进化中，双链的 DNA 取代了单链的 RNA，成为遗传物质，而蛋白质则变成了细胞的主要催化剂和结构成分。

从此，生命的引擎开始启动，细胞能够自我复制、新陈代谢、繁衍生息和进行演化。其他的，就如英国生物学家弗朗西斯 · 克里克所说：其他的已经载入历史。

1958 年，弗朗西斯 · 克里克首先提出了生命“中心法则”，即生命的遗传信息不能由蛋白质直接转移到蛋白质或核酸中。也就是说，遗传信息必须由 DNA 传递给 RNA，再由 RNA 编码形成蛋白质，才能完成遗传信息的转录和翻译过程。遗传信息也可以从 DNA 传递给 DNA，即完成 DNA 的复制过程。中心法则是所有生物复制都遵循的法则。

可以肯定地说，露卡具有基因和遗传编码，其基因很可能由DNA构成，因此露卡是出现于RNA之后的。

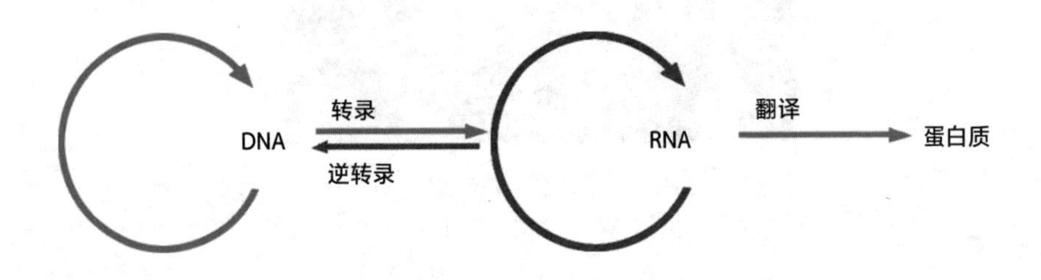

● 中心法则图解

有哪些关于生命起源的假说？ 18

关于生命起源的假说，主要有五种。

一是上帝创世说。该假说认为，地球上的一切生命都是上帝设计和创造的。上帝创世第一天，创造了光，以及昼与夜，昼夜交替进行；第二天，创造了空气，空气把大气与水隔开；第三天，创造了陆地，海洋与陆地分开，陆地上出现了各种瓜果，籽实累累，整个大地上一片生机盎然；第四天，创造了日、月和星辰，让太阳管理昼，月亮管理夜，还有无数星斗嵌在天幕之中；第五天，创造了水中众多的鱼，天空中无数的鸟，还有地上各种动物，包括野兽与昆虫。上帝用五天的时间造出天地万物，又在第六天按自己的形象造出了人。上帝看到天地万物井然有序，生生不息，十分高兴，所以决定第七天休息。后来，人们按照上帝创世的时间，把每周分为七天，六天工作，第七天休息；或五天工作，第六天做自己的事，第七天休息。

17 世纪的欧洲人认为，生命是直接从非生命物质中产生的。

二是自然发生说。该假说认为，生命可以随时直接从非生命物质中产生出来，如腐草生萤、腐肉生蛆、白石化羊等。自然发生说曾流行于 17 世纪的欧洲。

三是生物发生说。该假说认为，生命只能来自生

● 壁画《创造亚当》

这是米开朗琪罗创作的壁画《创世记》中的一部分，描绘了《圣经》中上帝根据自己的形象创造第一个人类——亚当的情景

命，但这一假说不能解释地球上最初的生命的来源。

四是宇宙发生说。该假说认为，地球上的生命来自宇宙中的其他星球，某些微生物可以附着在星际尘埃上到达地球，从而使地球具有了初始的生命。

五是化学起源说。该假说认为，地球上的生命是在地球历史的早期，在特殊的环境条件下，由非生命物质经历长期化学作用和进化而产生的。这一假说是当前学术界普遍接受的观点。

生命是什么？ 19

世间万物，最神奇的莫过于生命，生命的神奇之处在于能够制造一个不同的自己，简称自我复制。

自从 40 亿年前最原始的生命露卡诞生以来，生命就在不断地、一个接一个地制造不同的自己，比如由第一个多细胞动物海绵进化出形态各异的脊椎动物和千姿百态的昆虫。

人体的一切，如皮肤、肌肉、骨骼、内脏、神经，甚至头发，都是由蛋白质组成的。

生物是生命的载体，一个生物就是一个生命体；生命是生命体的集合，由千万个形态各异、五彩斑斓的生命体构成。每个生物都是由细胞组成的，生物的诞生、成长、衰老和死亡的过程，就是细胞分裂、复制和死亡的过程。离开了细胞复制，生命就无从谈起。

生命究竟是如何制造一个不同的自己的呢？

生命是一个过程，是细胞不断分裂、复制的过程，比如一个婴儿，大约由 70 万亿个细胞组成，就是由最初那个受精卵，经过约 270 天的细胞复制而成的。

人是真核生物，构成人体的细胞是真核细胞。所谓真核细胞，就是有细胞核的细胞。细胞核内有复制人体的两种物质，一种是 DNA，又叫遗传密码，记载

● 海绵

海绵是地球上最早出现的多细胞动物，是所有多细胞动物的祖先

着形成一个人的全部信息；另一种是蛋白质，由DNA指导形成，人体的一切，如皮肤、肌肉、骨骼、内脏、神经，甚至头发，都是由蛋白质组成的。

如果要盖一幢大楼，首先要有设计图纸，其次是盖大楼的原材料，如钢筋、水泥、玻璃、沙子等，此外还需要施工者，也就是建筑工人。施工者按照设计图纸，把原材料加工、堆砌起来，就盖成了楼房。我们可以把图纸看作DNA，把原材料和施工者看作不同的蛋白质。生物的每个体细胞的细胞核内，都包含一套复制该生物的全基因图谱。如果把大楼的每块砖看作一个细胞，那就是在每个砖块内，都藏有盖大楼的完整图纸。不过，实际上砖块内并没有图纸，因此这个比喻其实并不恰当，只是为了便于说明。

细胞核内有不同的蛋白质，细胞按照DNA信息，复制出一个又一个基本一模一样的细胞，最后几十万亿个细胞按照DNA排列组合在一起，就成了人体。

DNA指导蛋白质形成，蛋白质又反过来促成DNA编码。蛋白质既是原材料，又是原材料的生产者和使用者，就这样，细胞自己制造了自己。这就是生命的神奇之处，生命就是这样诞生、成长、繁衍的。

● 毕加索名画《生命》

这是立体派代表画家毕加索青年时期所作的一幅画，讲述了一个“爱情——失去爱人——新生命诞生”的故事，用艺术还原了一次生命的过程

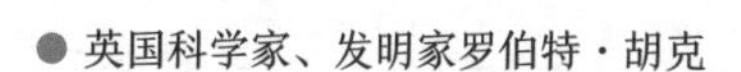

● 英国科学家、发明家罗伯特·胡克

17世纪时，胡克用改进的显微镜观察一片软木塞，发现了一些像蜂窝一样密密麻麻的孔洞，于是把它们命名为“细胞”，由此诞生“细胞学”这门新学科。细胞学认为，除第一个细胞外，其他细胞都无法凭空独立产生，而是由原来的细胞通过分裂复制产生的。这说明所有的生命都源于同一个祖先

20 为什么只有地球上存在生命？

宇宙浩瀚无垠，有难以计数的星体，但迄今为止，人们只在地球上发现了生命，且地球上的生命已有40亿年的演化史，现有近千万个物种，甚至有具有高等智慧的生命——人类。

为什么只有地球上有生命？这是地球的外部条件与自身条件共同决定的。

地球的外部条件

地球在太阳系中的位置

在内太阳系[1]中，由内而外，分别是水星、金星、地球和火星。地球是太阳系中的第三颗行星，距太阳约1.5亿千米。地球在太阳系中的位置，使其与太阳的距离恰到好处，为生命的诞生、生长、繁衍与进化创造了独一无二的环境。

一，地球可以获得稳定的光照。虽然地球只获得了太阳总辐射能的二十二亿分之一，但这点阳光为地球生命的诞生与生长提供了必不可少的能量，尤为重

[1] 内太阳系：太阳系中太阳与小行星带之间的区域。

● 太阳系与地球在其中的位置

内太阳系的4颗行星——水星、金星、地球、火星，均为类地行星，即物理性质和天体特征与地球类似的行星；外太阳系的4颗行星——木星、土星、天王星、海王星，均为类木行星，也叫气态巨行星，是不以岩石或其他固体为主要成分的大行星

要的是，40多亿年来，太阳的照射一直十分稳定。

二，地球有相对安全的运行环境。太阳系有稳定的运行结构。八大行星各行其道，轨道互不相交，从不发生碰撞，地球生命因此免遭毁灭。

三，地球有适宜的温度范围。地球在太阳系中的位置及其与太阳的距离，确保了地球有适宜的温度范围。地球上的平均气温约为15摄氏度，最低气温约为零下89.2摄氏度，最高气温为80多摄氏度，这确保了水在固体—液体—气体之间的转化，保证了水的循环。相比之下，离太阳较近的水星、金星气温过高，而离太阳较远的火星气温过低。

月球相伴与木星保护

在太阳的4颗类地行星中，地球是只有一个天然卫星（月球）相伴的行星，月球对地球生命的诞生、繁衍与进化有着积极的影响。月球对地球的主要作用如下。

一，月球引力使地球产生潮汐现象，为海洋生命的生长繁衍创造了条件。

二，月球引力阻挡了小行星和陨石的撞击，对地球生命起到了保护作用。

三，月球引力有助于地球磁场和大气层的形成，对地球生命同样起到了保护作用。

四，月球使地球自转轴的倾斜角保持稳定，使地球的气候保持相对稳定，还让地球产生了昼夜交替与四季变化，有利于生物的生长与繁衍。

五，月球在夜晚为地球植物提供了进行光合作用的光源。

除了月球以外，木星也为地球提供了保护。木星是太阳系中质量最大的行星，其质量相当于另外 7 颗行星总质量的 2.5 倍，可谓太阳系中的“巨无霸”。木星产生的巨大引力，强烈地吸引住小行星带中

● 太阳系中最大的行星——木星

的岩石碎块，大大降低了陨石对地球的撞击频率，避免了地球生命一次次重复恐龙灭绝的命运。

地球的自身条件

独特的内部结构

地球由地核、地幔和地壳三部分组成，这三部分分别类似于熟鸡蛋的蛋黄、蛋白和蛋壳。

地核又分为内核和外核，内核由铁、镍元素组成，呈固态；外核由铁、镍、硅等物质构成，呈熔融态或似液态。地幔又分为下地幔和上地幔，下地幔由镁铁硅酸盐岩（如橄榄石、辉石、石榴石等）组成；上地幔上部是软流层，呈塑性的流体状态，由熔融－固态

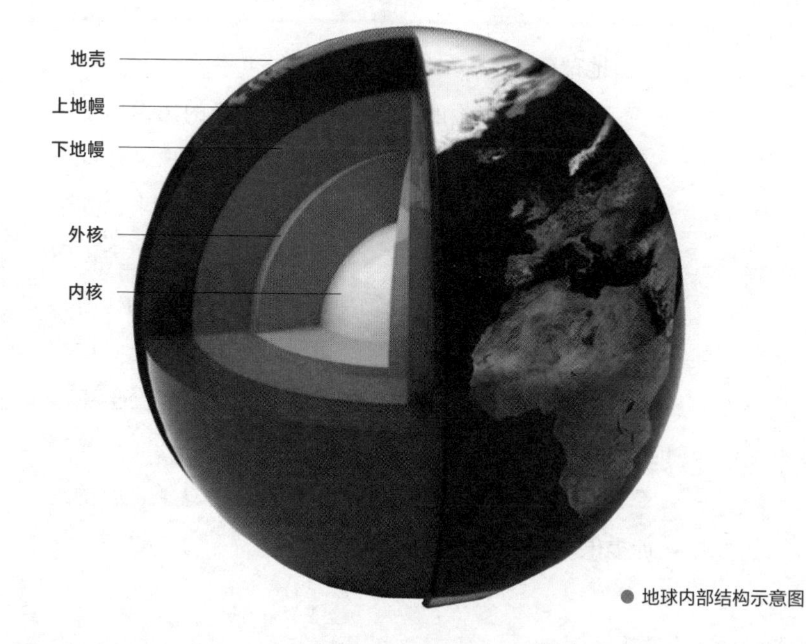

● 地球内部结构示意图

● 地球磁场挡住了太阳高能粒子流

的铁镁硅铝氧化物组成。地壳由固态的常见金属硅酸盐岩组成。

地球磁场

地球磁场产生的原理类似于发电机的工作原理，是地球自转导致外核运动形成的，所以地球又被称作“大地发电机”。地球的磁场在地球几万千米之外形成一个大大的“罩子”，犹如给地球披上了“金钟罩铁布衫”，使地球上的生物免遭强烈的太阳风的伤害。如果没有地球磁场，地球就会每时每刻都遭受着仿佛千万颗原子弹爆炸般的袭击，最初的生命不会诞生，更不会有现在的我们。

地球磁场除保护地球生命外，还为鸟类、鲸的迁徙提供导航系统。

大气层保护

● 地球大气示意图

地球的体积和质量恰到好处，产生的重力作用使地球上空包裹了厚厚的大气层。如果没有大气层（包括臭氧层）的保护，地球上的生命将荡然无存。

大气层的主要作用如下。

一，维护水圈的循环。水圈的循环有利于生物圈的良性生长。

二，避免生物圈产生的氧气逃逸到外太空。这样可以使地表保持有足够的氧气，有助于生物圈的良性生长。

三，保温。白天，臭氧层可以过滤掉太阳光中的高能紫外线，使地球生物免遭灼伤，同时又让低能紫外线辐射到地球，为地球增温；晚上，大气层阻止地表向外辐射热量，使地表温度不会降低太多。

四，保持液态水体的波动。这保证了陆地上江河湖泊的存在，维系着整个生态系统。

五，避免外太空物质（如各种大小陨石）对地球生命的伤害。

温室效应

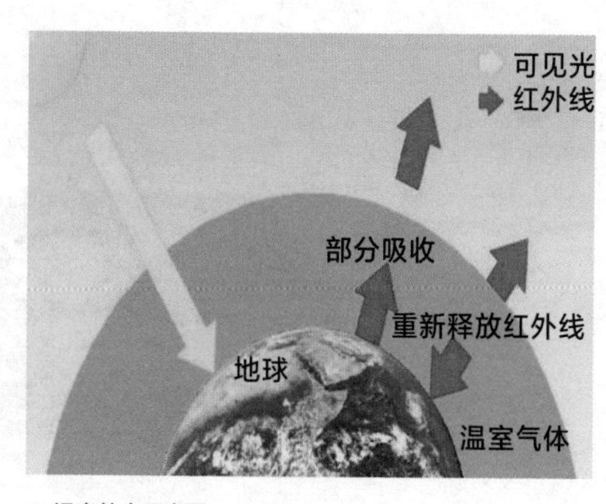

● 温室效应示意图

温室效应也称“花房效应”，指太阳光中的短波辐射透过大气中的温室气体（水蒸气、二氧化碳、甲烷等）射到地面，地面增温后，放出的长波辐射却被大气中的温室气体吸收，从而使大气变暖的效应。大气中的温室气体就像暖房的厚玻璃，使地球变成了一个大暖房。

地球与太阳的距离恰到好处，为生命的诞生、生长、繁衍与进化创造了独一无二的环境。

经测算，温室气体可使地表增温38摄氏度，如果没有温室气体，地表平均温度将会下降到零下23摄氏度。

适当的温室效应有利于地球生命的繁衍生息，但过强的温室效应却可能给地球生命带来灾难。

板块运动

板块运动就是熔融的地幔物质沿着洋中脊不断涌出洋底，促使大洋板块俯冲，进入地幔，并产生造山运动。现在地球上的崇山峻岭、低地峡谷，都是地球板块运动造成的。不管是青藏高原还是珠穆朗玛峰，抑或马里亚纳海沟，都是板块运动的杰作。地球上的气候、环境差异都与板块运动密切相关，而环境的差

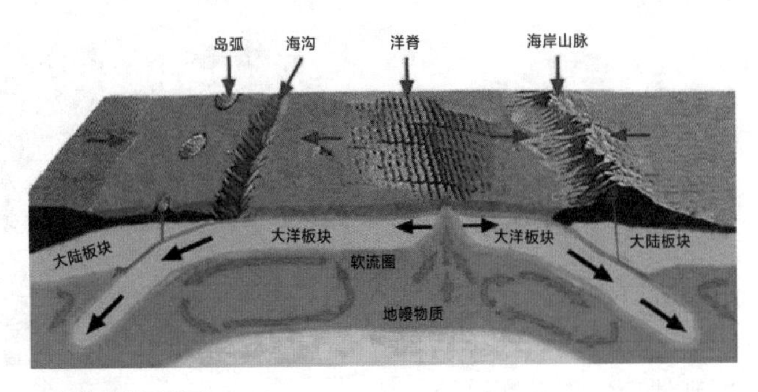

● 板块碰撞示意图

● 正在给公园植物浇水的环卫工人

异又造就了生物的多样性。此外，板块运动还使地球表面的磷元素不断增加，为原始生命的生长和发育提供了营养。地球历史上两次促进生命大幅度进化的大氧化事件的发生，都与板块运动密切相关。

液态水的存在

适宜的气温使地球上常年有液态水存在，并构成了一个“水圈”。俗话说，水是生命之源，如果没有水，40 亿年前，地球上最原始的生命就会被太阳高能粒子或高能量紫外线扼杀在襁褓中，就不会有后来生命的繁衍生息，更不会有我们人类的文明。

21 地球上存在多次生命起源吗？

这个问题可以肯定地回答，地球上不存在多次生命起源。

地球历史上曾发生过六次生物大灭绝事件（通常说五次，不包括第一次，即埃迪卡拉生物大灭绝事件），每一次生物大灭绝事件，都造成一半以上物种灭绝。最为严重的是发生于2.51亿年前的第四次生物大灭绝事件，造成高达95%的海洋生物和75%的陆生脊椎动物灭绝，比如曾经称霸海洋近3亿年的三叶虫，就是在这次生物大灭绝事件中销声匿迹的。不过，蟑螂、鹦鹉螺、鲎（hòu）、章鱼、肺鱼等一直活到了现在。

● 鹦鹉螺

鹦鹉螺最早出现于5亿年前的晚寒武世，经历一次又一次生物大灭绝事件，神奇地存活至今

6600万年前的白垩纪末期生物大灭绝事件，造成了陆地上的恐龙、海洋里的蛇颈龙和沧龙、空中飞行的翼龙等大型脊椎动物灭绝，但同时也为哺乳动物的繁盛创造了条件，地球从此进入哺乳动物大繁盛的时代。人类的出现也受益于这次大灭绝事件。

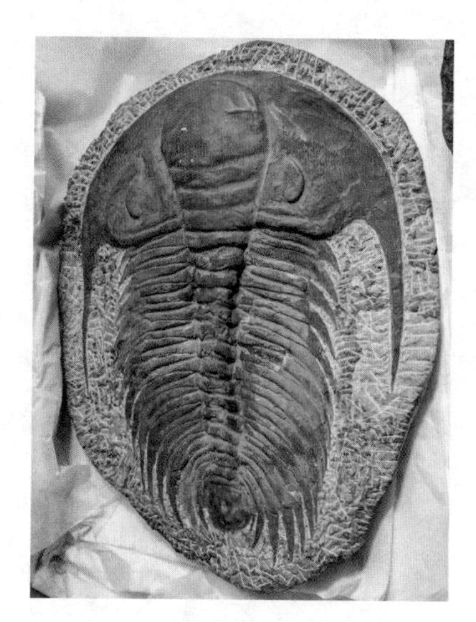

● 三叶虫化石

三叶虫是最有代表性的远古动物之一，它们已知最早出现在距今5.4亿年的早寒武世，在寒武纪晚期达到繁盛，随后渐渐衰落，于2.51亿年前灭绝，在地球上生存了近3亿年

根据古生物学研究，地球上从来不曾有过一次严重到使全部生物灭绝的生物集群大灭绝事件。每一次生物大灭绝事件都只造成了部分物种的毁灭或灭绝，同时为部分物种的大繁盛带来了机遇。

自40亿年前露卡诞生以来，生命循环往复，从渺小到强大，从稀少到繁多，生物的多样性也在扩大。据估算，现在地球上共有约870万个物种（不包括病毒），几乎遍布地球的每个角落，包括大气圈、水圈和岩石圈，并形成了一个庞大的生物圈。地球上最大的哺乳动物蓝鲸，最大体重将近200吨。

地球上从来不曾有过一次严重到使全部生物灭绝的生物集群大灭绝事件。

生命虽然渺小，但也十分顽强，这是由生命的本质决定的。

地球上只有生命能够自己造出一个不同的自己。生命体可以不断发生遗传和变异，在自然选择的作用下，变异会发生适应性变化，以适应自然环境的变化。不断改变自己，以适应环境的改变，这就是所谓的“适者生存”。

因此，地球上不存在多次生命起源。虽然地球上发生过多次生物大灭绝事件，但生命从未有过中断。地球上的生命只有一次起源，并繁衍至今。

地球上先有的动物还是先有的植物？ 22

要回答这个问题，首先要从真核生物说起，因为先有了真核生物，才有了动物、植物和真菌。有人把蓝藻当作植物，这与生物的五界分类系统不符。根据五界分类系统，生物界分为原核生物界、原生生物界、真菌界、动物界和植物界，蓝藻属于原核生物，与属于真核生物的动物和植物有天壤之别。

原核生物即由原核细胞组成的生物。原核细胞没有细胞核，是最原始、最简单的细胞。所有细菌都是原核生物，也都是单细胞生物，是一个个独立的生命体。单细胞生物往往是多面手，能够独自完成营养吸收、能量交换、呼吸、运动、代谢、生殖等生命活动，但这些活动只能交替进行。目前发现的最早、最原始

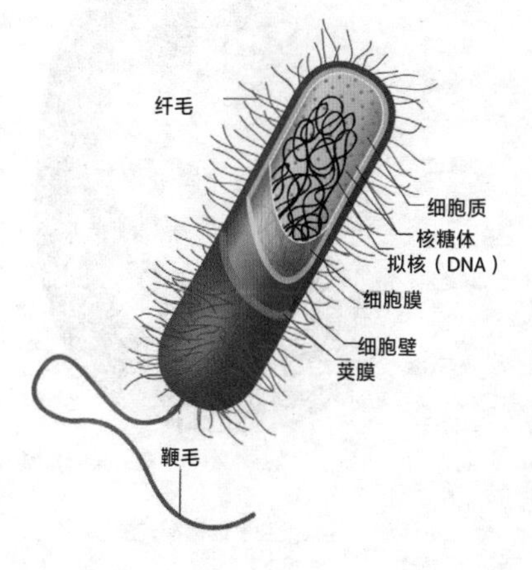

● 原核细胞结构模式图

原核细胞没有细胞核和染色体（质），只有核糖体和裸露的DNA。部分原核细胞存在荚膜

的原核生物便是蓝藻。

真核生物是由原核生物演化来的，最早、最简单的真核生物也都是单细胞生物，如藻类、原生动物（如草履虫、变形虫、领鞭毛虫）、原生菌类等。我们常说的植物、动物和真菌，则是由真核细胞组成的多细胞生物。多细胞生物的细胞有了明确分工，各司其职，比如我们人体由70万亿个细胞组成，这些细胞分属200多个不同的细胞类型，各自负责不同的工作。

无论是植物还是动物，都是通过线粒体把原料转变成自身能量的。

多细胞生物的细胞内都含有多个细胞器，最重要的细胞器是线粒体和叶绿体。线粒体犹如细胞的“火力发电厂”，可以将细胞获得的原料，通过与氧反应变成能量，为细胞活动提供动力来源。所有动物的细胞内都含有线粒体，但不含叶绿体，所有植物的细胞内则同时含有线粒体和叶绿体。叶绿体通过光合作用产生葡萄糖，线粒体再对葡萄糖进行加工，产生能量，并供给细胞。所有的植物都是自养生物，靠吸收阳光就可以生活，而所有的动物都是异养生物，须要靠进食或捕食其他生物生活。

原核生物是所有生物的祖先。原核生物先演化出了简单的真核生物的祖先，真核生物的祖先又吞噬了好氧细菌（发生于约21亿年前）。

原核生物包括细菌和古细菌。有一种名叫阿斯加德的古细菌，是所有生物的祖先。阿斯加德古细菌最先吞噬了好氧细菌，好氧细菌演化成线粒体，于是出现了只含线粒

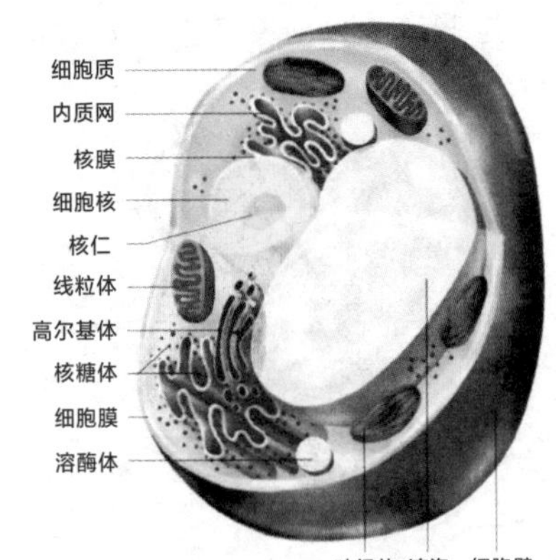

● 真核细胞（植物细胞）结构模式图

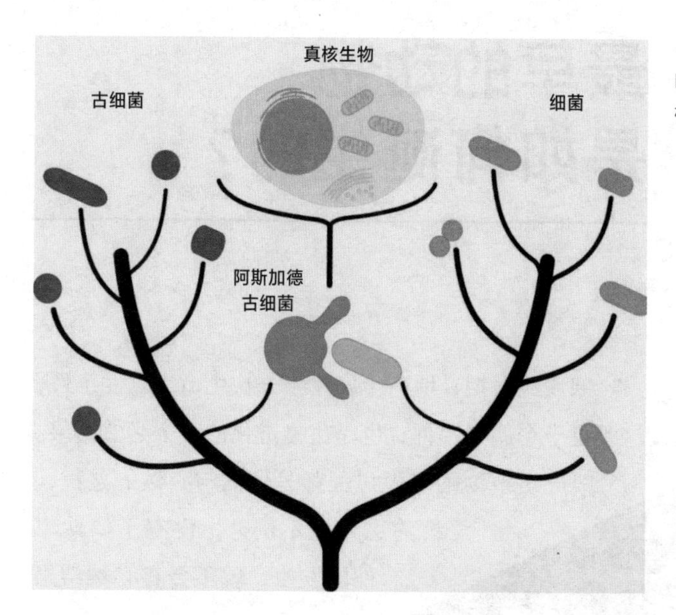

● 阿斯加德古细菌吞噬好氧细菌、演化成真核生物示意图

体的细胞，即动物细胞。而后，含有线粒体的真核生物吞噬了蓝藻（发生于约 15 亿年前），蓝藻演化成叶绿体，这时才有了同时含有线粒体和叶绿体的细胞，即植物细胞。也就是说，先有的动物细胞，后有的植物细胞。

一般认为，绿藻是多细胞植物的祖先，领鞭毛虫是多细胞动物的祖先，但到底是先有的绿藻，还是先有的领鞭毛虫，迄今并没有定论。大多数人认为，应该是先有的植物，即绿藻，后有的动物，即领鞭毛虫，动物靠进食植物为生。然而，由绿藻进化出的真正的多细胞植物裸蕨，最早出现在 4.3 亿年前；由领鞭毛虫聚集演化而来的最早的多细胞动物海绵，出现在 6.5 亿年前。因此，究竟是先有的植物，还是先有的动物，目前仍然存在争议，我们期待着古生物学家们的进一步研究。

23 最早的动物是如何诞生的？

海绵是已知最早的多细胞动物，如今地球上所有动物的身上都有海绵的影子。

寒武纪时期，地球上发生了一次生命大爆发事件，这既是一个偶然事件，也是生物进化的一个必然结果。一切事物的发展过程都是偶然与必然的过程，生物的进化也不例外，没有了偶然事件的发生，就不会有必然结果的出现。

生命最早诞生于40亿年前的“温暖的小池塘”，而后经过大约30亿年的进化，在10.5亿~8亿年前，进化出最早的单细胞动物——领鞭毛虫。约8亿~6.5亿年前，第二次大氧化事件促使领鞭毛虫聚集形成了最早的多细胞动物——海绵。

20世纪80年代，美国进化微生物学家米歇尔·索金运用自动DNA排列技术和计算机程序，在研究分析了水母、海葵、海绵、海星等古老生物的基因后，终于证明，包括人类在内的所有动物的祖先是生活在8亿~6.5亿年前的海绵。

后来，科学家们经过不断努力，最终在印度尼西亚的苏拉威西岛海底找到了这种最古老的海绵，并通过动物基因序列比较，证实了海绵是位于动物家族族

● *Aplysina fulva* 复原图

Aplysina fulva 是一种枝杈状海绵，生活在6.4亿年前，化石发现于美国佐治亚州海岸的国家海洋保护区内

谱最底端的动物。

海绵的主要成分是碳酸钙或碳酸硅，以及大量胶原质。海绵的生命形式很古老，它们既没有神经、肌肉、骨骼等外部器官，也没有心、肝、脾、肺、肾等内部器官，身体只是许多细胞的集合体。

与其他动物不同的是，海绵的细胞是相对独立和自由的，能不断地自我更新和自我重塑，甚至能够奇迹般地“死而复生”。海绵也是最早的有性生殖动物，大多数海绵都是雌雄同体，能够同时产生卵子和精子。

科学家们认为，海绵是地球上出现的第一种多细胞动物。如今地球上所有动物的身上都有海绵的影子，如海绵的细胞中有一种叫胶原蛋白的蛋白质，现在胶原蛋白也分布在哺乳动物的皮肤、骨骼、肌肉、软骨、关节、头发等组织中，起着支撑、修复、保护的三重抗衰老作用。这一事实也说明，各种各样的动物生命

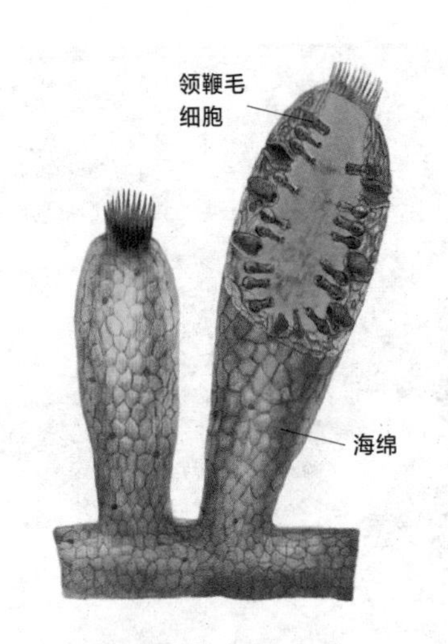

● 领鞭毛虫聚集形成海绵示意图

形式都来源于海绵这种简单的有机体。

2010年8月9日，美国能源部联合基因组研究所研究人员联合发表了大堡礁海绵的基因组草图，并对其基因组进行了比较分析，结果表明，大堡礁海绵的基因组序列与人类有70%的相似度。

海绵结构简单，由内、外两层细胞组成，外层细胞主要由扁平细胞组成，内层细胞主要由领细胞（也称领鞭毛细胞）组成。科学研究证明，海绵的祖先是领鞭毛虫。领细胞是一种鞭毛细胞，一端有一圈棒状的细小纤毛，还有一根长长的鞭毛。领细胞能不停地挥动鞭毛，通过绒毛般的触手捕获水中的氧气、细菌和碎屑等营养物质。

● 6亿年前的始杯海绵化石，发现于我国贵州瓮安生物群，是目前发现的最古老的海绵化石

海绵外层的扁平细胞之间有许多进水小孔，因此海绵也被称为“多孔动物”。海绵内层的细胞可以变形，可以在海绵体内游走，还能变为其他种类的细胞，如可以变成外层的扁平细胞或产生精子与卵子的生殖细胞。更为神奇的是，内层细胞变为其他细胞后，还能再变回来，因此这种细胞也被称为“全能细胞”。这也是海绵在被打碎之后还能再长出新海绵的原因——海绵具有再生性，也许有些动物的再生性就是遗传了海绵的这种基因。

● 各种形态的现生海绵

全世界已发现的海绵有 9000 余种，小的高度不足 2 毫米，大的高度可达数米。海绵没有固定的形状，颜色也多种多样

24 最早从水中登陆的脊椎动物是什么？

在 3.77 亿 ~3.72 亿年前的晚泥盆世，地球上发生了第三次生物大灭绝事件，先是全球气候变冷，海平面结冰，然后是大体量的火山喷发。这次事件前后历时约 500 万年，使海生生物遭受重创，从此肉鳍鱼开始登陆，拉开了“两栖动物时代”的序幕。肉鳍鱼中最具代表性的提塔利克鱼，可能也是最早登上陆地的动物之一。

提塔利克鱼是已经灭绝的肉鳍鱼类，生活在 3.75 亿年前的浅海或淡水区域，那里含氧量较低。提塔利克鱼被认为是四足形类动物，是介于鱼类与早期四足陆栖动物之间的过渡物种，具有鱼类和两栖动物的双重特征，也是最接近两栖动物的肉鳍鱼类。

● 提塔利克鱼生态复原图

提塔利克鱼体长约 3 米，化石发现于加拿大北部

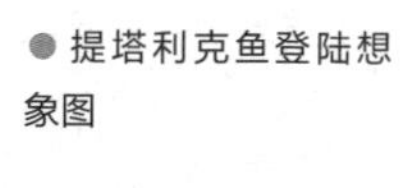

● 提塔利克鱼登陆想象图

提塔利克鱼的头部呈三角形，头骨宽平；双眼在头顶并向中线靠近，有眉弓；外鼻孔位于头骨腹部，靠近嘴的边缘；牙齿锋利；颈部可以独立活动；有四条腿；鱼尾呈扁圆形，尾鳍位于鱼尾上方，呈帆状；胸鳍和腹鳍已经有了原始的腕骨和趾头，虽然不能靠其行走，但可以用其支撑身体；有细小的鳃裂，消化道分支已进化出肺（原始的肺）。凭借进化的“四足”和原始的肺，提塔利克鱼开始向陆地迈进。

肉鳍鱼的一小步，却开启了脊椎动物进军陆地的一大步，犹如鲤鱼跳龙门，完成了一次华丽的转身，实现了一次巨大的跨越。这也是生命的一次基因突变的结果，开启了陆地生命的新生活。由此，生命避开了水里的厮杀与凶险，呼吸到了新鲜的空气，尝到了昆虫的鲜美；由此，生命开始在陆地上称王称霸，并为后来脊椎动物的大繁盛创造了机遇；由此，脊椎动物开始在陆地上繁衍生息，陆地上有了生机勃勃的新气象。

肉鳍鱼的一小步，开启了脊椎动物进军陆地的一大步。

在地球历史上，有曾经称霸地球将近1.7亿年的恐龙，有曾经霸占天空的翼龙，水里也曾经游着有“水中杀手”之称的沧龙。现在，水里游的鲸、海狮、海豹，天上飞的鸟儿，陆地上奔跑的骏马、狮子，树上生活的猩猩，还有我们人类，都是由最初登上陆地的长有四条腿的肉鳍鱼进化而来的。最早登上陆地的鱼，也许就是提塔利克鱼，它开创了脊椎动物陆地生活的新纪元，从此，脊椎动物登上了陆地这个大舞台，拉开了陆地生活的序幕。

25 生命是怎样完成由水里到陆地的进化的？

这里以脊椎动物的进化过程为例，来说明生活在水里的鱼是怎样登上陆地，慢慢进化为陆地爬行动物的。

从 5.3 亿年前第一个有脊椎的动物昆明鱼出现，到 3.12 亿年前林蜥完全适应陆地生活，足足用了 2 亿多年。水里与陆地上的生活环境截然不同，生活在水里的鱼要进化成适应陆地生活的爬行动物，必须经过一系列重大变化，发生一系列基因突变。动物的内外器官都发生了一系列变异，如听觉器官、心脏、肺、皮肤、嘴巴、眼睛、尾巴、盲肠等，有的器官是发生了改变，有的器官是从无到有，而这一切都是在漫长的时间里，在自然选择的作用下，基因一次次发生突变的结果。如果没有基因突变和自然选择，生命早就终结了，更不会蓬勃发展，欣欣向荣。

水里与陆地上的生活环境截然不同，生活在水里的鱼要进化成适应陆地生活的爬行动物，必须经过一系列重大变化，发生一系列基因突变。

生活在水里的鱼，进化为在陆地上生活的爬行动物，主要经历了两个阶段。

● 昆明鱼生态复原图

第一阶段，昆明鱼进化出鱼石螈。这个阶段又发生了几次进化飞跃，即重大的基因突变。

第一次基因突变发生在5.3亿年前，脊索动物（如西大虫）进化出有原始脊椎的昆明鱼。昆明鱼没有成

● 灵动土家鱼复原图

● 初始全颌鱼生态复原图（朱敏提供）

对的胸鳍和腹鳍，但有帆状的背鳍和腹鳍，属无颌鱼类，口如吸管，不能主动猎食。

第二次基因突变发生在 4.36 亿年前，无颌鱼类演化出盔甲鱼（如灵动土家鱼）。盔甲鱼头似盔甲，腹鳍演化出纵贯全身的侧腹鳍褶。

第三次基因突变发生在 4.23 亿年前，鱼类进化出有颌骨的盾皮鱼——初始全颌鱼。初始全颌鱼有发达的胸鳍和腹鳍，有真正的嘴巴，可以主动猎食，心脏有一个心房与一个心室，血液循环为完全单循环。

第四次基因突变发生在 3.75 亿年前，硬骨鱼成对的胸鳍和腹鳍进化出肉鳍鱼的四个肉鳍。提塔利克鱼是最有代表性的肉鳍鱼之一，它开始凭借强壮的肉鳍登上陆地。

● 鱼石螈生态复原图

第五次基因突变发生在3.67亿年前，肉鳍鱼成功登陆，进化出最原始的两栖动物——鱼石螈。为了适应间歇性的陆地生活，肉鳍鱼的肉鳍进化成四肢，四肢上各有5个或5个以上脚趾，可以在陆地上爬行，但移动速度不快；心脏进化成2个心房和1个心室，血液循环为不完全双循环；为了呼吸陆地上的氧气，消化道分支进化成具有气泡的肺，肺功能不完善，必须依靠光滑湿润的皮肤辅助呼吸；尾巴由分叉的燕尾形尾巴进化成更长且上下侧扁的鳍状尾巴；为了抵挡风沙和防止眼睛干燥，进化出眼睑；进化出颈部关节，头部可以自由转动；鱼的鳃弓进化成两栖动物的听小骨，不过只有一块耳柱骨，虽然能够听到空气中传来的声音，但听力不佳。与鱼类相比，两栖动物有了许多变化，但它们仍要依赖水进行繁殖，且还没有进化出盲肠，都是肉食性动物。

第二阶段，两栖动物进化出爬行动物。

为了完全适应陆地生活，爬行动物的皮肤上进化出鳞片，这样可以防止外伤和体内水分的流失与蒸发；心脏有两个心房和两个半连通的心室，血液循环仍为不完全双循环；肺功能发育完善，可以起到呼吸的作用。除此以外，爬行动物的一个重要变化是抱团体内受精，产羊膜卵（如鳄鱼蛋），卵外面有一层钙化的硬壳，既能起保护作用，又能透气帮助呼吸。卵靠阳光孵化，这也是为什么所有爬行动物都必须再回到陆地上产卵，即使是生活在水里的水蛇、鳄鱼等，也必须回到陆地上产卵。羊膜卵使爬行动物完全适应了陆地上的繁衍与生活。另外，爬行动物还进化出了盲肠，

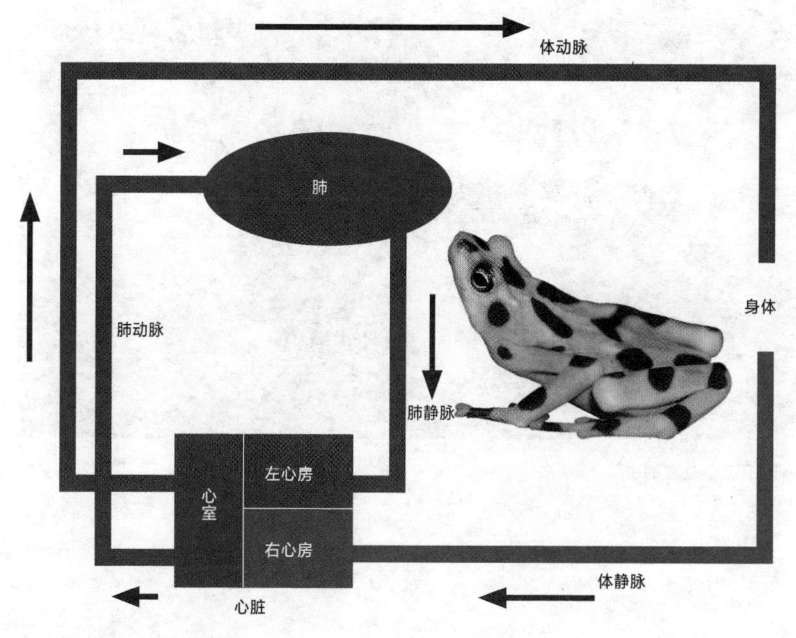

● 两栖动物血液循环示意图

因此爬行动物又分成了两大类，一类是肉食性动物，一类是植食性动物。

至此，生活在水里的鱼，终于完成华丽的转身，进化成在陆地上生活的爬行动物，完全征服了陆地。这也是生物在自然选择的作用下进化的结果。

生活在陆地上的爬行动物，甚至后来的哺乳动物，包括我们人类，都主要依靠强健有力的后肢行走或奔跑，属“后轮驱动型”动物。由此可见，从水生到陆生，单从动物的肢体而言，就发生了革命性进化，由“前轮驱动型”演变为“后轮驱动型”。

● 可以用后腿站立的小熊

地球上为什么会有人？ 26

地球上会有人，与地球上有其他生物（如花鸟鱼虫、龟鳄虾蝎、马牛羊驼、狮狼虎豹）一样，都是生物进化的结果。从约 40 亿年前地球上诞生第一个生命起，进化就开始了，而且一刻也没有停止过。现在地球上千千万万的生命，都是由第一个生命进化而来的。

生命为什么会发生进化呢？这要从生命进化的机制说起。

一切生命都有相同的遗传密码，即DNA 片段。一切生命都是自我复制的结果。一个 DNA 片段由 DNA 与蛋白质组成，二者的共同作用促成了细胞的自我复制。细胞在自我复制过程中，必然会出错，出错就是变异。即使再微小的变异，也会受自然选择的影响，而即使再微弱的自然选择，也会对生物进化起到作用。在自然选择下，微小的基因变异会通过遗传进行积累，直至发生基因突变，但只有适应性突变才能遗传下去，也就是说，在自然选择下，只有有利的基因突变会遗传下去，而不利的基因突变会毁灭。当有利的基因突变超过临界点时，新的物种就产生了。

> 自然界的近千万个物种，都是自然选择下基因突变的结果。

自然界的近千万个物种，都是自然选择下基因突变的结果。基因突变是随机的、偶然的，没有方向性和目的性。可以说，任何物种的产生，都是偶然的、随机的，作为万千物种之一的人，当然也是因为随机的基因突变而出现的，是一个偶然事件，但这一个偶然事件，却造就了必然的结果。

四五百万年前，地球上还没有人类，在非洲密林中生活着人类的祖先——地猿类，它们类似现在的黑猩猩，体形矮小，浑身长满浓密毛发，以树栖生活为主。后来气候的干旱与寒冷导致树木死亡，生活在树林里的地猿下到地上，学会了两足直立行走。它们直立行走的一小步，开启了地猿向人类进化的一大步。后来经过几次基因突变，大约在 250 万年前，出现了会制作工具的能人，能人又进化出匠人，开始了奔跑与捕猎，褪去了毛发，学会了使用火，脑容量明显增大，有了语言沟通能力。此后，匠人又进化出海德堡人。30 万年前，出现了我们现代人的最近祖先——晚期智人。现在地球上的约 80 亿人，都是晚期智人的后代。

● 晚期智人狩猎场景想象图

从猿进化到人，大致分几步？27

从猿到人的进化过程，大致可以分成六步，每一步都是一次巨大的飞跃，一次巨大的基因突变，一个更高级物种的诞生。

第一步，由指掌型行走改为近似直立行走，偶尔从树上下到地上生活，上肢长于下肢，仍以植食性为主，代表性的有地猿始祖种（也称拉密达地猿，昵称“阿迪”）。地猿始祖种的体态和行为特征与现在的黑猩猩相差无几，但他们不是黑猩猩，而是人类最早的祖先。现代人类就继承了地猿始祖种的基因，血管里仍

● 地猿始祖种生活想象图

● 正在抚育幼崽的南方古猿（想象图）

● 能人复原图

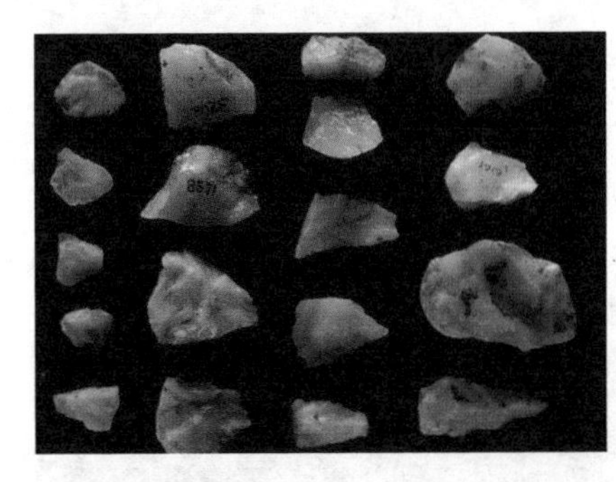

● 能人打造的粗糙石器

有他们的血液。

第二步，由于气候变得干冷，树木死亡，林间出现了大量空地，地猿始祖种被迫更多地下到地上生活，开始了更多的直立行走和吃肉，脑容量增大，牙齿变小，最终在390万年前进化出了南方古猿。南方古猿有许多类型，其中最有代表性的是阿法南方古猿。阿法南方古猿在形态特征和生活习性上仍与黑猩猩有许多相似之处，身上仍有浓密的毛发，仍以树栖生活为主，主要靠采摘树叶、果实等为生。

第三步，能够制作粗糙的石器，脑容量变得更大，代表性的是能人。能人的脑容量达到800毫升，是地球上出现的第一个真正的“人”，他们在地上活动

● 海德堡人狩猎想象图

得更多，捕猎活动增多，并能利用粗糙的石器捕猎或采摘。

第四步，上肢明显缩短，体型更像人类，体形高大，跑动得更快，因出汗导致身体褪毛，鼻头隆起，学会了吃烤熟的肉，代表性的是匠人。匠人后来进化出海德堡人，海德堡人更加壮硕，脑容量进一步增大，已经有了简单的语言。后来，海德堡人中的一支走出非洲，迁徙到欧洲，大约在 60 万年前进化成更耐寒冷的尼安德特人。仍然生活在非洲的海德堡人，大约在 30 万年前进化成晚期智人。

第五步，脑容量明显增大，超过 1000 毫升，平均脑容量达 1400 毫升，吃肉明显增多，有了可以交流的语言，代表性的有尼安德特人、智人。约 16 万～

5 万年前，走出非洲的智人在迁徙途中与尼安德特人发生战斗，并赶跑了尼安德特人。与此同时，智人与尼安德特人还发生过混血，至今我们还含有 1%~4% 的尼安德特人基因。智人走出非洲后，向世界各大洲迁徙，并在各地繁衍生息。智人学会了制造更加精细的工具，语言更加发达，甚至学会了八卦和编造故事。

长期以来，直立行走被认为是人类出现的标志之一。

第六步，进入新石器时代，智人发明了文字，并开始了农耕和放牧生活，建立了国家，开启了人类文明时代。

从猿进化到人，最初是从树上下来，由树栖生活变为地上生活，由用四肢指掌行走变为用两足直立行走，从而让双手被解放出来，可以做更多的事情，发明和制造更精细的工具。可以说，直立行走是人类进化史上的一次巨大飞跃，是猿变成人的标志之一，也是猿进化成人的第一步。

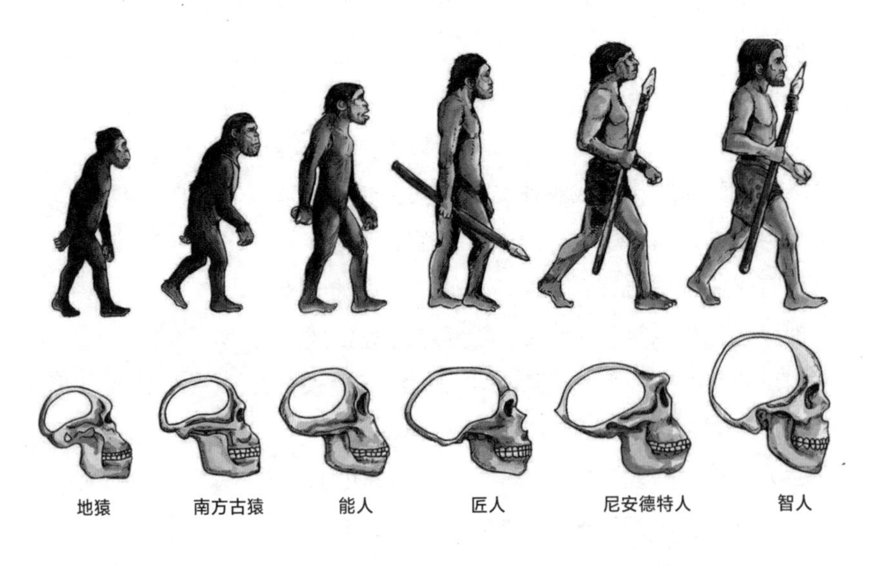

● 人类脑容量增长示意图

为什么现在的黑猩猩不能再进化成人？ 28

生物的进化是一个十分复杂且缓慢的过程，充满未知的变数，是随机的，具有不定向性，纯属偶然或意外。打个比方，女性的1个卵子要面对3亿多个精子，究竟会选择哪个精子结合形成受精卵，在自然条件下是无法控制的，也就是随机的、偶然的。每一个精子所携带的基因是不一样的，因此不同的精子与同一个卵子结合，会产生不一样的后代。即便是同卵双胞胎——同一个受精卵分裂复制的结果，他们的细胞携带相同的基因——在诸如体形、面容、智商、情商、行为举止、思维意识等方面也不尽相同。

分子生物学研究表明，人类的祖先（地猿）与黑猩猩的共同祖先可能是700万年前生活在非洲的乍得人猿[1]。

人类的祖先（地猿）与黑猩猩的共同祖先可能是700万年前生活在非洲的乍得人猿。

约500万年前，人类的祖先与黑猩猩由于食物或伴侣问题，发生了激烈的打斗。人类的祖先离开原来的种群，在遥远的地方安家，从此，这两个种群各自

[1] 乍得人猿：也称乍得沙赫人或撒海尔人，化石是在乍得被发现的。

独立演化。长时间后，二者出现生殖隔离，最终演化成两个不同的物种。

究竟是什么原因使人类的祖先与黑猩猩演化成了不同的物种呢？科学家们经过艰难探索，终于找到了答案。

人类的祖先地猿偶然发生过一次有利的基因突变，比其祖先乍得人猿和黑猩猩都少了一对染色体，变成了 23 对染色体。少了一对染色体后，地猿学会了用两条腿直立行走，更喜欢在非洲东部比较干燥、开阔的稀树草原上生活，并开始吃肉，从此开启了人类演化的历程。

科学家们通过对人类和黑猩猩进行全基因组测序分析对比，推测出地猿并非丢失了一对染色体，而是原有的 2A、2B 两对染色体发生融合，变成了一对染色体，即 2 号染色体。科学家们发现，人类体内的 2 号染色体，可以完美对应黑猩猩体内的 2A、2B 两对染色体，也就是说，人类的 2 号染色体与黑猩猩的 2A、2B 两对染色体，二者的 DNA 链长度和链条上每一环的顺序都是严丝合缝对得上的。

人类作为世界上唯一有高等智慧的生命，是原始生命露卡经过近 40 亿年进化的结果。生命进化是不会重演的，也就是说，如果把进化现象比作一出戏，那么在自然界的舞台上，绝不会上演同一出戏。后进化出的物种绝不会重复曾经出现过的物种，犹如永远不会有两个一

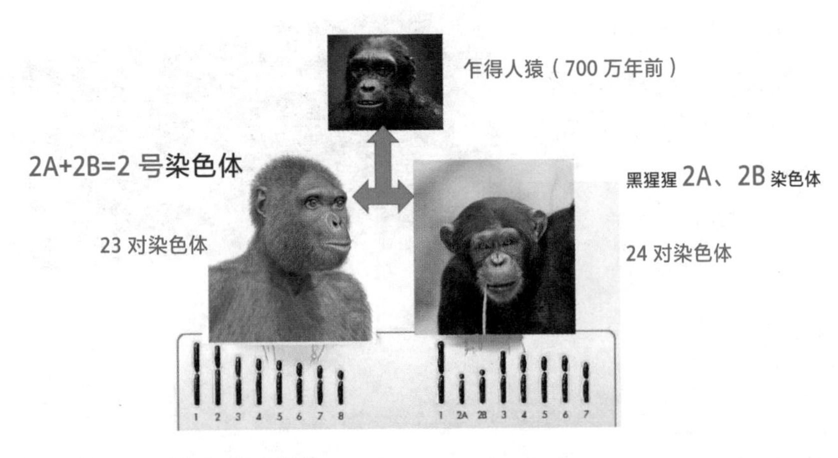

● 地猿与黑猩猩染色体对比示意图

模一样的人或完全相同的树叶一样；后来的生物也不会重复以前生物的进化历程，现在的黑猩猩（与人类亲缘关系最近的猿类）即使发生基因突变，产生其他新的物种，也绝对不会是我们现代人。

● 现在的黑猩猩

● 黑猩猩幼崽

29 现代人仍在进化吗？

是的，现代人仍在进化。而且，不仅人类，其他生物也都在发生着进化。

进化是生物生存与繁衍的必要条件，一旦停止了进化，或者生物基因突变不再适应环境变迁，生物就会走向灭绝。自生命诞生以来，已经灭绝的物种难以计数，它们灭绝的原因大多是不适应环境的基因变异或突变。现在地球上只有蓝藻生存了35亿年，而且还在生生不息，其他任何一种生命都无法与其媲美。恐龙在地球上生存了近1.7亿年，最终走向灭绝；有“活化石”之称的鹦鹉螺在地球上生存了5亿多年，但也已经开始走向没落，并将最终难逃灭绝的命运。

不适应环境的基因变异或突变是造成物种灭绝的重要原因之一。

生物为什么会进化呢？

这是因为，生物的生存与繁衍必须依靠细胞的分裂与复制，而细胞只要分裂和复制，就一定会产生变异或突变。在自然选择的作用下，只有适应性变异或突变才能遗传下去，而不适应的突变会毁灭。由此可知，有突变才会有进化，而突变是不可避免的，因此进化也是不可避免的。

现代人时时刻刻都在发生着进化，只是在自然选择下，进化的过程十分缓慢，一个人在有生之年是难以觉察或检测到这种变化的，即使现代基因技术已经发展到相当高的水平，也无能为力。

现代人的智齿就是人类正在进化的一个例证。我们的老祖宗——能人、匠人、海德堡人，甚至晚期智人——大多以动物的肉和植物的根茎为食，而且常常不经过加工就直接食用，因此须要花很长时间进行强而有力的咀嚼，也因此他们都长有十分发达的后臼齿。后来，人类开始用火对食物进行烧烤、蒸煮等加工，食物变得容易咀嚼，久而久之，后臼齿的功能逐渐退化，最终变成了我们现代人的智齿。智齿生出来很晚，多数人在20多岁时才开始长智齿，而且大多发育不完善。

● 能人生活场景想象图

人类正在进化的另一个例证是，根据统计，150多年前，人类的体温多数为37~37.5摄氏度，而现在人类的体温多数为36.5摄氏度上下，很少超过37摄氏度。过去人类生活条件不好，容易受到细菌、病毒等的侵害，身体常常发烧，因此体温处于较高的水平。现在人们的生活条件得到极大改善，加上医疗卫生水平的提高，人体被有害微生物侵害的机会大大减少，身体发烧的概率明显降低，因此体温就普遍比以前低了。

30 人类是地球的主人，还是过客？

这个问题，看起来像是个哲学问题，不过，我们也可以试着从科学的角度——具体来说，是从进化的角度——来回答这个问题。

我们人类作为地球众多物种之一，即便当下是最高级的物种，也终会有灭绝的那一天。死亡后回归本源，为其他生物的生存繁衍提供物质与营养，可以说是一种生命的“轮回”。俗话说，“铁打的营盘流水的兵”，如果把地球比作营房，那么我们人类就是这营房的新兵，只是在营房里暂住，而非营房的主人。不光我们人类，地球上的所有生物，包括正在或曾经繁盛过的生物，也都只是暂住。因此，人类并不是地球的主人，而是过客。

人类作为地球众多物种之一，也终会有灭绝的那一天。

地球上有着繁盛多姿的生命，有低矮匍匐的小草，有高大参天的树木，有五彩斑斓的花朵，有翩翩起舞的彩蝶，有展翅高飞的雄鹰，有在大海中遨游的鱼儿，有在沙漠里爬动的虫蛇，有在草原上奔驰的猛兽……这一幅幅美丽动人的画卷，都是由生命描绘而成的。地球因生命而光彩夺目，宇宙因生命而精彩纷呈。人类虽是地球上的过客，但也为地球和宇宙的色彩增添了明亮的一笔。

● 地球上多姿多彩的生命

人类是目前已知宇宙中唯一具有高等智慧的生物，是地球生命40亿年进化的结果。有了人类，宇宙的神秘面纱才被揭开，宇宙的诞生与成长过程才被揭示。人类因宇宙的存在而诞生，宇宙却并非因人类而存在。即使没有人类，宇宙也仍将按照自己的方式运行。那么，宇宙存在的意义与价值又是什么呢？或许我们永远也无法知道了。

第三章
进化论科学吗？

31 什么是进化？

我们说的“进化”，又称演化，译自英文“evolution”一词。“evolution”源自拉丁语“evolvere”，原意是将一个卷在一起的东西打开，引申为事物的生长、变化或发展，如恒星的演变、化学的演变、文化的演变、观念的演变等。自19世纪进化论兴起以来，“进化”作为一个专门术语，通常用于生物学，指不同世代之间外表特征与基因频率的改变，也就是亲代（父母亲）与子代之间外表特征与基因突变概率的变化。

“生命是传递基因的工具。”

动物基因突变到一定程度，就会表现在内部器官和外部特征上，如从肉鳍鱼到两栖动物，鱼的消化器官进化成了原始的肺，胸鳍进化成了前肢和前脚趾，腹鳍进化成了后肢和后脚趾。基因突变可以在亲代与子代之间传递，正如理查德·道金斯[1]的名言：“生命是传递基因的工具。”从生物学的角度来说，一个生命出现与存在的价值，就是继承祖先的基因，将其重组或突变后，再传递给子孙后代。基因通过生殖细

[1] 理查德·道金斯（1941— ）：英国演化生物学家，著有《自私的基因》《盲眼钟表匠》等。

胞，由祖父母和外祖父母传递给父母，再由父母传递给子女，子女再传递给自己的子女，这样一代一代传递下去，每一代的基因都是上一代基因重组和突变的结果。人类相近两代的基因相似度高达 99.9%，其中某个强大的基因会一代一代地在家族中传递下去，

● 古偶蹄兽生态复原图

比如高个子基因、白皮肤基因、金色头发基因等，这些基因就很容易在家族中遗传下去。

基因代代传递、发生变异、适应生存繁衍的过程，就是进化。

这里以鲸类的进化为例，对进化的过程做具体描述。

约 6000 万年前，鲸类与河马、猪和反刍动物（牛、羊、鹿、骆驼等）有一个共同的祖先——古偶蹄兽。古偶蹄兽是一种看上去像小鹿的动物，体长仅有 50 厘米，重约 20 千克，四肢修长，前肢各有 5 个脚趾，后肢各有 4 个脚趾，善于奔跑和跳跃，生活在森林里。

约 5000 万年前，古偶蹄兽演化出猪和反刍动物的祖先古鼷（xī）鹿，以及鲸类的祖先印多霍斯兽。随后，印多霍斯兽陆续演化出巴基斯坦鲸—陆走鲸—罗德侯鲸。4500 万 ~3400 万年前，罗德侯鲸演化

● 印多霍斯兽生态复原图

● 罗德侯鲸生态复原图

● 龙王鲸生态复原图

出龙王鲸。龙王鲸又演化出齿鲸和须鲸。可以说，龙王鲸是现代鲸类最后的共同祖先。

印多霍斯兽具有四肢，前后肢上各有 4 趾。到罗德侯鲸，四肢进化成有蹼的大脚，犹如船桨，尾巴像船舵。到龙王鲸，四肢进化成桨状肢，尾巴像燕尾，非常接近现代鲸类。

由此可见，每一个新物种的出现，都是演化的结果，先是物种的基因发生突变或变异，然后经过自然选择，最后只有适应环境的生物能生存下来。

● 现代鲸类座头鲸

生物进化的原因是什么？ 32

首先须要说明的是，宇宙中的一切都遵循热力学第二定律，即熵增定律：宇宙万物都朝熵增方向发展，也就是混乱度增加。生物进化与熵增定律并不矛盾。

生物的生存繁衍和进化都要从外部获得能量，植物要生长，就需要阳光，进行光合作用；动物要生存繁衍，就须要获得食物。奥地利物理学家埃尔温·薛定谔在《生命是什么》一书中提出“生命以负熵为食”，意思是一个动物想要活着，就要持续不断地去吃混乱

● 薛定谔与《生命是什么》书影

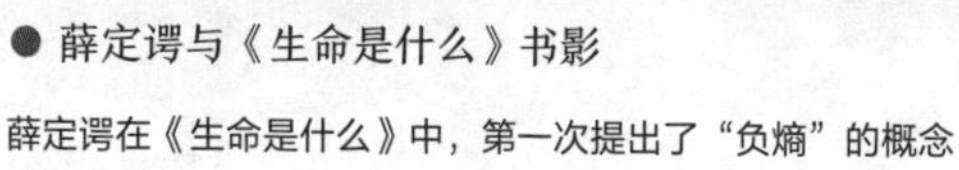
薛定谔在《生命是什么》中，第一次提出了“负熵”的概念

度较低、熵也较低的食物，然后排泄出混乱度较高、熵也较高的粪便。

生命的生长繁衍是个有序度增加、混乱度降低的过程，即熵减少的过程；生命的死亡是一个有序度降低、混乱度增加的过程，即熵增加的过程。但就整个宇宙系统而言，生命的诞生、生长、衰老和死亡，以及所有的新陈代谢过程，都是一个熵不变的过程。生物进化既不会造成宇宙熵增加，也不会造成宇宙熵减少，宇宙的熵是不变的。

再来说说生物进化的原因。

前面我们说过，进化是基因突变和自然选择双重作用的结果。基因突变有好有坏，比如基因突变有可能引起非正常细胞的大量增殖，消耗体内的能量，这样正常细胞就难以获得能量，从而导致癌症的发生。这是坏的基因突变的结果，但如果基因发生好的突变，就会有利于生物的生存繁衍。

宇宙万物都朝熵增方向发展，也就是混乱度增加。

在自然选择的作用下，基因突变会出现两种情况，一种是有害的基因突变，由于不适应环境条件，在自然选择作用下，难以生存与繁衍，最终只能毁灭；另一种与之相反，是好的基因突变，能更适应环境，在自然选择的作用下，会大量繁殖，代代相传。由此可见，基因突变是生物进化的根本，而自然选择是生物进化的关键，只有在基因突变的条件下，自然选择才能发挥作用；只有在自然选择的作用下，基因突变才能获得遗传。

可以说，没有基因突变，就无法自然选择；没有遗传，基因变异就不能延续；没有自然选择，就没有适应生存。基因突变是生物多样性的前提，遗传则是生命延续的基础，遗传与变异共同造就了地球生命的生生不息与千姿百态，而这一切都受控于自然选择。

什么是进化论？ 33

19 世纪，自然科学领域有三大重要发现，即细胞学说、进化论以及能量守恒与转化定律。

1831~1836 年，英国博物学家查尔斯·罗伯特·达尔文随“贝格尔”号海军勘探船进行了历时 5 年的环球考察。1859 年，达尔文发表了影响世界、惠及人类的鸿篇巨制《物种起源》，提出了进化论的观点。进化论被誉为人类历史上第二次重大科学突破，它证明了生物并不是上帝创造的，而是在遗传变异、自然选择的作用下，不断适应、演变而来的，这摧毁了千百年来统治人们思想的“神创论”和“物种不变论”。

达尔文进化论有四个核心观点。

一，物种是可变的，即生物可以从一个物种变成另一个物种。这一观点已经通过对果蝇进行 X 射线照射得到证实。

二，物种同祖，即所有物种都源自一个共同的祖先。现代分子生物学、遗传学都证实，地球上的所有生物都拥有相同的遗传密码，即所有生物的基因都是用 4 个碱基和 20 个单词代码书写而

● 查尔斯·罗伯特·达尔文（1809—1882），英国博物学家，进化论的奠基者

成的，现在地球上的近千万个物种都是由“最后的共同祖先”露卡进化而来的。

三，自然选择。它是生物进化的驱动力。生物为了适应环境的变化，基因发生适应性变异或突变，只有有利于生物生存和繁衍的变异或突变才能遗传下去，不利于生物生存和繁衍的变异或突变无法遗传下去——这就是自然选择，其结果是“适者生存”。

达尔文进化论颠覆了“神创论”和“物种不变论”。

四，生物是渐进变化的。生物进化是一个十分缓慢的过程。生物进化是基因突变与自然选择共同作用的结果，但实际上只有当生物的基因变异积累到一定程度时，才会发生大的突变，进而导致进化。

为什么很多人质疑进化论？ 34

2006 年，美国有一家“发现研究所”，该研究所科学文化中心负责人约翰·维斯特声称，有 500 多名科学家公开质疑达尔文进化论，其中有 157 名生物学家、76 名化学家和 63 名物理学家，他们都拥有自然科学、数学、医学、计算机科学等学科的博士学位。

2004 年，一些神学人员炮制出了“智能设计论”的观点，以此说明达尔文进化论“并不完善”，并声称“智能设计论”是另一种“科学理论”。“智能设计论”的观点认为，地球上的生物都是由一种“超级智慧”设计而成的，而广泛传播这一观点的正是“发现研究所”。

近几十年来，科学家们已经从分子层面证明了达尔文进化论的正确性。

下面我从故事的源头讲起，来说明事实究竟如何。

1859 年，达尔文发表《物种起源》，并提出进化论，这在西方引起了很大轰动，有赞成的，也有反对的。实际上，在达尔文提出进化论后的 100 多年的时间里，质疑声从未间断，反对者层出不穷。

由于宗教思想的广泛传播、古老神话故事的深入人心，以及真正理解进化论须要具备较专业的遗传学、古生物学和分子生物学知识等方面的原因，普通大众很难对进化论有较深刻的认识，不理解、错误理解甚至质疑也时有出现。不过，随着科技的飞速发展、人们认知的深化和进化论的广泛传播，已经有越来越多的人理解和认同进化论。

20 世纪中叶以后，科学家们发现了 DNA 双螺旋模型，破译了生命遗传的密码，知道了人有 46 条（23 对）染色体，其中第 23 对染色体（X，Y）决定人的性别，还发现了对果蝇进行 X 射线照射可诱发基因发生突变，甚至产生新物种。近几十年来，新技术促使生命科学、遗传学、基因学、分子生物学等学科迅猛发展，科学家们已经从分子层面证明了达尔文进化论的正确性。

今天，进化论已经成为一个比较完善的理论，其重要意义可以与牛顿的经典力学相提并论。恩格斯把达尔文进化论称为 19 世纪自然科学的三大发现之一。而且，在当今可检索的 4000 多种学术期刊中，未发现一篇反对进化论的文章。

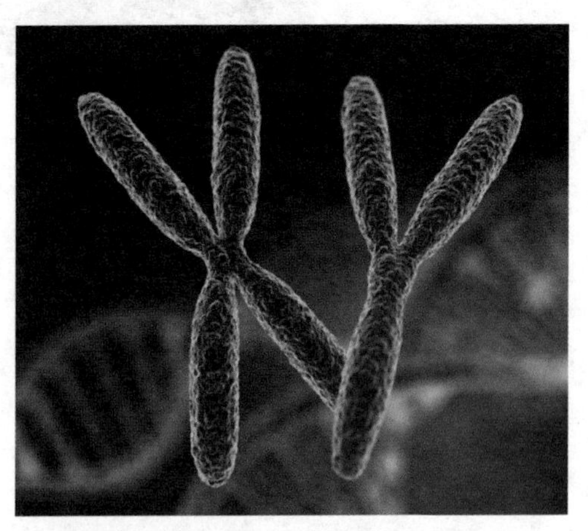

● 决定人性别的 X 染色体和 Y 染色体

除了达尔文进化论，还有其他关于进化的理论吗？ 35

在达尔文之前，法国博物学家拉马克在1809年出版了《动物哲学》一书，首先提出了进化论的学说。

拉马克进化论的核心思想是“用进废退”和“获得性遗传”。用进废退的意思是，生物体经常使用的器官就会进化，而不经常使用的器官就会退化；获得性遗传的意思是，生物体后天获得的进化，可以遗传给下一代。

拉马克的进化论对神创论进行了批判，他认为生物是由自然进化而来的，不是神创造的；生物的多姿多彩，是由环境变化决定的。

现代生物学和分子生物学的研究，证明了拉马克的进化论，即用进废退和获得性遗传的观点是错误的。生物的遗传发生在基因层面。基因是由单词代码组成的一串氨基酸，一组单词代码就是一个DNA片段，表达一个遗传信息。DNA排列由碱基对排列组成，即A（腺嘌呤，$C_5H_5N_5$）与T（胸腺嘧啶，$C_5H_6N_2O_2$）配对，G（鸟嘌呤，$C_5H_5N_5O$）与C（胞

● 拉马克（1744—1829），法国博物学家，无脊椎动物学的创始人，最先提出生物进化的学说

嘧啶，$C_4H_5N_3O$）配对，当配对发生差错时，就会发生基因突变。

生物在后天生活过程中发生的器官变异或变化，一般不会遗传给后代。

基因突变只有发生在生物的生殖细胞中时，才能将遗传信息传递下去，生物在后天生活过程中发生的器官变异或变化，并不一定会遗传给后代。举例来说，从事重体力劳动的人，如搬运工，长时间的负重可能造成劳损、腰椎间盘突出、弯腰驼背等症状，但这些症状并不会遗传给他的孩子。再比如，父代经常进行健美训练，形成健美的身材，但这也不会遗传给子代，子代不会天生就具有像父代那样健美的身材。因此，获得性遗传的观点不完全正确，拉马克的进化论学说是错误的，且已经被遗传学证明。

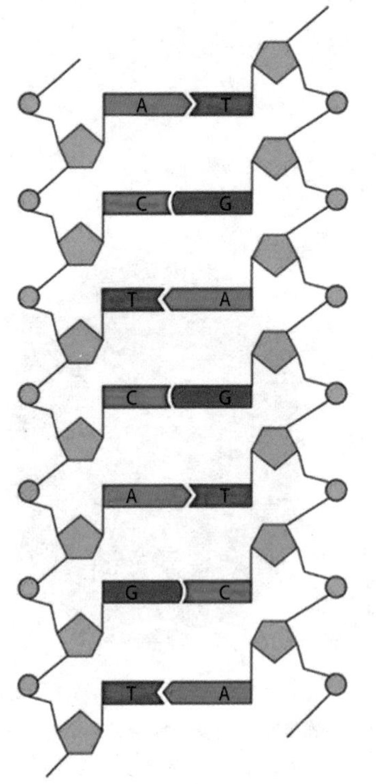

1859 年，达尔文出版了《物种起源》。达尔文的进化论，与前人的观点，包括拉马克的学说在内，有着本质的区别。现代生物学、分子生物学、遗传学等都证明了达尔文进化论的正确性，证明了只有当生物生殖细胞的基因发生变异时，才能将遗传信息传递下去。现代达尔文进化论就是在达尔文进化论的基础上，进一步发展和完善的结果。

● DNA分子结构模型图（平面结构）

36 拉马克进化论和达尔文进化论是如何解释长颈鹿脖子变长的？

关于长颈鹿脖子如何变长的讨论，已经有一百多年的历史了。在众多观点中，有两种截然不同的观点，一种是拉马克进化论的观点，另一种是达尔文进化论的观点。这两种观点都是进化论，但它们的核心思想和实质内涵是不同的。

拉马克进化论的核心观点是用进废退和获得性遗传。拉马克进化论认为，生物都是由原来的物种演化而来的，有多个祖先，环境的不同造成了物种间的差异。

拉马克进化论认为，生物都是由原来的物种演化而来的，有多个祖先，环境的不同造成了物种间的差异。

达尔文进化论的核心观点是物种可变、物种同祖、自然选择和渐进变化。

下面我们就来看一下，拉马克进化论和达尔文进化论各自是如何解释长颈鹿脖子变长的。通过对比，也能更直观地展示出这两种进化论的不同。

● 现代长颈鹿都有长脖子

● 长颈鹿脖子的变化过程示意图

拉马克进化论对长颈鹿脖子变长的解释：

1. 有两个短脖子的古长颈鹿种群，其中一个种群由于喜欢吃高处的鲜嫩树叶，拼命伸长脖子。

2. 由于经常伸长脖子，这个种群的古长颈鹿的脖子就被拉长了，即“用进废退”。

3. 古长颈鹿这种后天获得的长脖子新性状，可以遗传给后代，其子孙都是长脖子，即“获得性遗传”。

4. 在群体中，短脖子种群的古长颈鹿吃不到高处的嫩叶，最终灭绝，只留下长脖子的古长颈鹿种群。

5. 就这样，经过千万年的不断进化，现在的长颈鹿种群都有长脖子。

达尔文进化论对长颈鹿脖子变长的解释：

1. 有两个短脖子的古长颈鹿种群。

2. 其中一个种群，由于基因发生随机性突变，脖子变长（基因突变），这样在古长颈鹿群体中，就产生了差异，出现了长脖子古长颈鹿种群和短脖子古长颈鹿种群。

3. 长脖子古长颈鹿种群能吃到高处的鲜嫩树叶，长得体格壮硕，从而得到了其他古长颈鹿的青睐，获得更多交配权——性选择（自然选择），其长脖子的血脉得以延续。

4. 在自然选择的作用下，长脖子古长颈鹿的基因遗传给后代，并不断加强。吃不到高处树叶的短脖子长颈鹿变得瘦小体弱，在群体中难得青睐，获得的交配权少，甚至根本得不到交配权，最终走向灭绝。

5. 久而久之，在群体中，长脖子古长颈鹿的子孙越来越多，占据优势，最终演变成现代的长颈鹿，这就是适者生存的进化法则。

拉马克进化论认为，生物进化是自然向上的、有方向性的，总是从低级到高级，由简单到复杂。达尔文进化论则认为，基因突变是随机的，不具方向性，因此生物的进化并不一定有方向性，进化也不总是由简单到复杂，由低级到高级。现代生物学和遗传学已经证明，拉马克进化论是错误的，达尔文进化论是正确的。

37 “物竞天择，适者生存”这句话对吗？

“物竞天择，适者生存”这句话出自严复翻译的《天演论》。

严复（1854—1921），初名传初，改名宗光，后名复，字又陵，又字几道，福建侯官人，中国近代启蒙思想家、翻译家。严复将西方的社会学、政治学、政治经济学、哲学和自然科学系统介绍到中国，翻译了《天演论》《原富》《群学肄言》《群己权界论》等著作，对中国近代社会产生了重要影响。

《天演论》译自英国博物学家赫胥黎的《进化论与伦理学》。严复在书中使用了“物竞天择，适者生存”

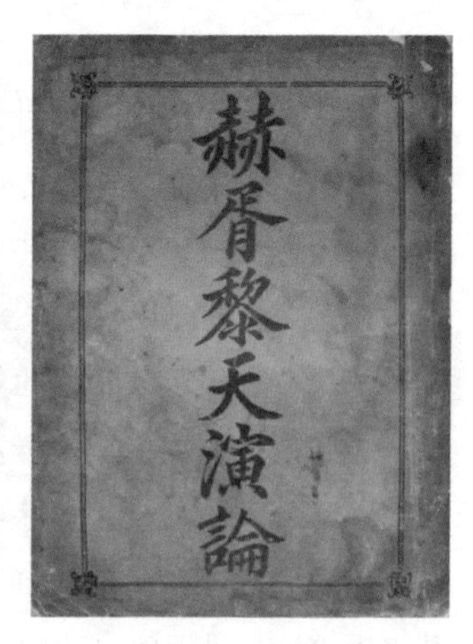

● 严复与其译作《天演论》

的说法，后来被绝大多数人当作达尔文进化论的主要思想，并被广泛传播，几乎达到了妇孺皆知的程度。当今一提到达尔文进化论，人们就会想到“物竞天择，适者生存”，可以说这八个字几乎成了达尔文进化论的代名词，被视为达尔文进化论思想的精髓与内涵。但实际情况并非如此，这句话并不能准确和完整地概括达尔文进化论的思想。

先从达尔文进化论的具体观点说起。达尔文进化论有四个主要观点，即物种可变、物种同祖、自然选择和渐进变化，其中，“自然选择”有“天择”和“适者生存”的意思，但并没有“物竞”的意思，因此“物竞天择，适者生存”并不能真正全面、准确地反映达尔文进化论的思想。如果硬要用八个字来形容达尔文进化论的主要思想，可以用“变异天择，适者生存”，因为达尔文进化论强调了物种变异。

“物竞天择，适者生存”并不能真正全面、准确地反映达尔文进化论的思想。

其实，早在19世纪中叶，被誉为“现代遗传学之父”的格雷戈尔·孟德尔就通过豌豆实验，提出了著名的遗传学两大定律（基因分离定律和基因自由组合定律），为达尔文的物种变异观点提供了证据。现代分子生物学也已经证明，变异是发生在生物的基因层面，并不断遗传下去的，也就是我们所说的基因突变。基因突变在先，自然选择在后，只有生物的基因发生变异，自然选择才能够起到作用。自然选择促使好的基因突变积累并保存下来，坏的基因突变则被毁灭或淘汰。也可以说，只有遗传了

● “现代遗传学之父”孟德尔

好的基因突变的生物，才能适应环境，在自然选择驱使下，保存并延续下去，这就是所谓的“适者生存”。

达尔文进化论也可用“3W”来理解。“3W”指生物为什么进化（Why）、生物怎么进化（Way）和生物进化成什么样（What），也就是生物进化的目的、路径和结果。生物进化的目的，是在不断变化的自然环境下，更好地生存与繁衍；生物进化的路径，是生物基因发生随机性突变，在自然选择下，只有那些适应自然环境的基因突变才能遗传下来，即“适者遗传”；生物进化的结果，是在自然选择的驱使下，保存有利的基因突变，淘汰有害的基因突变，即“优胜劣汰”，并最终产生更适应自然环境的新物种，即“适者生存”。这就是达尔文进化论思想的真谛与完整解释。

38 为什么有的动物进化得很不明显，甚至看起来没有变化？

生物的生长与繁衍，是细胞分裂和复制的过程，而细胞的复制受多方面因素的影响，会出现复制错误（虽然细胞在复制过程中有自我纠错机制，但复制错误仍在所难免），这就是变异。当复制错误恰好出现在编码基因碱基对的组成或排列顺序上时，就会发生基因突变。所谓生物进化，就现代生物学而言，就是生物发生基因突变，这种基因突变有利于生物的生存与繁衍，并且可以代代遗传下去。

基因突变有两大特点，一是随机性和不确定性，二是普遍性和稀有性，这也就是说，动物变化的大小是不可控的。

自然界的生物，千姿百态，大小各异，生存环境的不同、生活习性的变化、自身基因的差异等，都不同程度地影响着生物基因的变异，而且这种变异是随机的、不可控的，是由生物本身决定的。而且，生物的基因突变也是千差万别的，在自然界，没有两个一模一样的生物，甚至没有两片一模一样的树叶，因为基因突变发生在基因层面，极其细微的变化都会导致生物外部形状的不同。

我们再回过头来，回答问题。

● 大熊猫

生物的进化是基因突变与自然选择共同作用的结果，以大熊猫的进化为例，在生物分类学上，大熊猫其实属于肉食性动物，原本也是靠吃肉维持生存的。约700万年前，一次环境的剧变，导致和大熊猫生活在同一地域的动物大量死亡，大熊猫的口粮成了问题。为了生存，大熊猫改吃当地丰富的竹子，久而久之，基因也发生了突变，不再对肉感兴趣。就这样，原本吃肉的大熊猫，通过改吃竹子生存了下来，而同时期的许多肉食性动物都灭绝了。从进化的角度来说，大熊猫是动物中的“赢家”，得以延续下来。

那么，为什么在进化过程中，有的动物变化很小，有的动物变化很大，甚至发生了根本性的变化呢？这也是动物的基因突变和自然环境的改变导致的。基因突变有两大特点，一是随机性和不确定性，二是普遍性和稀有性，这也就是说，动物变化的大小是不可控的。有的动物变化较小，比如3亿年前就已存在的蟑螂、蜻蜓、鲎、鹦鹉螺等，到现在为止只是体形大小发生了变化，形态特征变化不大，这是因为它们不用进行大的基因突变，就能够适应环境的变化，可以生存和繁衍至今。而有些生物，比如恐龙，由于基因突变无法适应环境的骤变，最终灭绝了。

我们人类自学会直立行走以来，为了适应环境的变化以及长距离迁徙的需要，体形变得越来越大，褪去了体毛，脑容量几乎增大了4倍，创造了语言。这些巨大的变化都是基因突变和自然选择的结果，不然的话，人类的祖先早就和恐龙一样，从地球上消失了。

39 进化都是由简到繁的吗？有没有越进化越简单的生物？

从生命 40 亿年进化的总趋势来看，进化是由简单到复杂、由低级到高级的，但就某个单独的物种或种群而言，其进化并不一定是由简单到复杂、由低级到高级的。

先来说说生命 40 亿年进化的总趋势。

40 亿年前，“最后的共同祖先”露卡出生在海底热泉附近。

35 亿年前，原始海洋里出现了最早的具有细胞结构的生物——蓝藻。

8 亿 ~6.5 亿年前，出现了第一个多细胞动物——海绵，它们形态各异，像一堆杂乱无章的树枝，但确实是所有动物的祖先。

5.41 亿 ~5 亿年前，地球历史上发生了著名的寒武纪生命大爆发事件，澄江生物群就是其典型代表之一。在这次生命大爆发事件中，共出现了 240 多种生物，其中最著名的就是昆明鱼，它是最早的两侧对称的脊椎动物，已经进化出脑、眼睛、背鳍、腹鳍和尾巴，是现存所有脊椎动物的祖先。

昆明鱼的出现，是脊椎动物进化史上的第一次巨大飞跃：长有脊椎，有眼和脑。昆明鱼没有成对的胸鳍和腹鳍，嘴巴像一个吸管，无法主动掠食，是无颌鱼类。

此后，脊椎动物进化史上又经历了十次巨大飞跃。

脊椎动物进化史上的第二次巨大飞跃：长出颌骨，主动捕食。第一个有颌骨的脊椎动物是初始全颌鱼，所有已经灭绝或现生脊椎动物的颌骨都是由初始全颌鱼的嘴进化而来的。

脊椎动物进化史上的第三次巨大飞跃：长出四足，爬行登陆。最早登上陆地的四足动物是鱼石螈，它是最原始的两栖动物，可以用肺呼吸，长有眼睑，后脚各有 7 个脚趾。

脊椎动物进化史上共发生过十一次巨大飞跃。

脊椎动物进化史上的第四次巨大飞跃：产羊膜卵，征服陆地。3.12 亿年前，进化出第一个产羊膜卵的爬行动物——林蜥（或始祖单弓兽），从此，脊椎动物彻底征服陆地，成为陆地的主人。

脊椎动物进化史上的第五次巨大飞跃：后肢行走，前肢捕食。2.34 亿年前，地球上诞生了目前发现的最原始的恐龙——始盗龙。以始盗龙为代表的恐龙可用后肢行走或奔跑，用前肢捕食猎物。

脊椎动物进化史上的第六次巨大飞跃：脚拇指反转，前后肢等长。1.52 亿 ~1.25 亿年前，出现了长有不对称羽毛、可以飞翔的恒温动物——始祖鸟和热河鸟，它们的前肢演变成了长羽毛的翅膀。

脊椎动物进化史上的第七次巨大飞跃：恒温长毛，胎生哺乳。最早的胎生哺乳动物是 1.6 亿年前的中华

● 始祖鸟复原图

生活于1.52亿~1.25亿年前的始祖鸟，被认为是最早、最原始的鸟。始祖鸟大小如现在的野鸡，身披丰满的绒状羽毛，翅膀和尾巴上则布满不对称的飞羽，羽毛的复杂程度不亚于现代鸟类

侏罗兽和1.3亿年前的攀援始祖兽。

脊椎动物进化史上的第八次巨大飞跃：两足站立，直立行走。第一个可以两足站立、直立行走的古猿是约440万年前的地猿始祖种。

脊椎动物进化史上的第九次巨大飞跃：能人。约250万年前，阿法南方古猿进化出能人。能人脑容量激增到800毫升，能够敲打出粗糙的石器。

脊椎动物进化史上的第十次巨大飞跃：直立人。约200万年前，能人进化出早期直立人——匠人。匠人脑容量约为1000毫升，学会用火，能够打磨精致的石器。约100万年前，匠人进化出晚期直立人——海德堡人。海德堡人学会简单的语言。

脊椎动物进化史上的第十一次巨大飞跃：早期智

人和晚期智人。约 60 万年前，迁徙到欧洲的海德堡人进化出早期智人——尼安德特人，仍滞留在非洲的海德堡人在约 30 万年前进化出晚期智人。晚期智人就是我们现在约 80 亿人的最近共同祖先。

从脊椎动物进化史上的十一次巨大飞跃来看，进化的总趋势是从简单到复杂、由低级到高级的，但自然界生物的进化并不总是如此。

生物的进化既不是越进化越简单，也并非越进化越复杂，而是在自然选择下，基因发生适应性变异，最终适者生存。生物在演化过程中，无论是某些器官或功能丧失，还是某些器官或功能改变，都是适应环境的结果，如生活在黑暗洞穴里的动物（如洞虾、洞螈），眼睛会失去功能，但会长出触角，并靠触角感知猎物；飞翔在天空中的鸟儿，翅膀是由手盗龙类恐龙的前肢演化来的；游弋在海洋之中的鲸类，鳍状肢是由 5000 万年前的印多霍斯兽的前肢演化来的。

● 手盗龙类恐龙阿拉善龙复原图（图片来源：Conty）

手盗龙类最早出现于侏罗纪，它们后肢较长，前肢短小，现代鸟类宽大的翅膀就是由它们的前肢演化而来的

● 展翅飞翔的海鸥，其翅膀和尾巴上长有发达的飞羽

40 为什么生物不选择永生的进化道路？

首先要说的是，永生是违背自然规律的。热力学第二定律，即熵增定律表明，在一个系统内，物体的熵总是增加的，也就是说，系统总是向混乱度增大的方向发展的。永生意味着停滞不前，终止发展，熵在减少，这与热力学第二定律是相违背的。

世间生命都是由细胞构成的，而每一个细胞又由细胞核与细胞器组成。细胞核内含有遗传信息DNA和蛋白质，也就是说，每个生物都是依据DNA信息，由蛋白质组成的，就像拼搭积木，要想拼搭出一辆消防车，就要依据消防车的图纸，将一个一个积木块组合起来。消防车图纸好比DNA携带的生物信息，一个个积木块就是由蛋白质构成的细胞。一个生物体内，除生殖细胞外，所有体细胞都是一模一样的。组合起来的消防车，就是一个生物体。生物要维持生长，就要从体外吸取能量，植物需要的是阳光，动物需要的是食物，一旦缺少能量，生物迟早会走向无序状态。从出生到死亡，再到被微生物分解，变成养分供其他生物生长，可以说是生命的“轮回”。

从出生到死亡，再到被微生物分解，变成养分供其他生物生长，可以说是生命的“轮回”。

宇宙万物，都有生有灭，无论是有生命的生物体，还是无生命的无机物，都受热力学第二定律的支配。没有长生不死的生物，只不过生的时间长短不同而已。微生物从生到死，以小时或天来计，寿命较长的生物，比如柏树，也少有活过万年的。即便是没有生命的恒星，也有不同的生命周期，有的是几十万年、几百万年，有的是几亿年。太阳恐怕是宇宙中寿命最长的恒星之一，据计算大约能活100亿年。

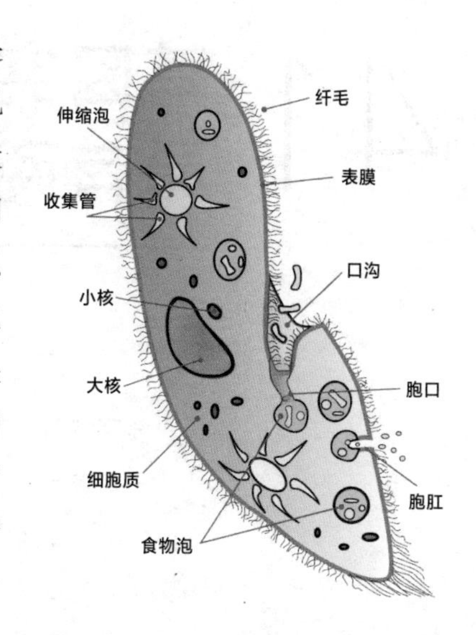

● 草履虫

草履虫是一种原始的原生生物，由一个细胞构成，寿命也很短，只有一昼夜

地球上的空间是有限的，目前地球上的生物物种数量，据估算约有870万，这还不包括病毒。你可以想象，如果生物可以永生，同时又有现在的多样性，那地球上究竟会有多少生物个体呢？恐怕难以计数。这样一来，地球上的生物就会无处不在，动物也不能活动，因为根本没有活动的空间。地球上的生物会全部挤在一起，像被定住一样动弹不得，那这个世界将是多么可怕啊！

总而言之，生物永生不符合热力学第二定律，是违背自然规律的，因此，生物永远也不会有永生这条进化之路。

41 基因突变为什么具有两面性？

要回答这个问题，首先要明白什么是基因突变。

一般来说，基因突变是指基因组DNA分子发生突然的变异，而且这种变异是可遗传的。生物的生长和繁衍过程，是细胞的自我复制过程。细胞的复制主要依靠细胞核内的DNA和蛋白质，DNA负责遗传信息编码，并指导蛋白质制造，蛋白质又反过来起催化作用，促进DNA的编码。简单来说，DNA的复制过程，就是A、T、G、C四个碱基按照A-T、G-C的组合方式互补配对的过程。DNA在复制过程中，有一种氨基酸（一种酶）负责纠错，一旦碱基配对出现错误，复制就会停止，等纠错酶予以纠正后，DNA复制才能再继续下去。不过，即使有纠错酶的存在，碱基配对依然会出现错误，出错率约为十亿分之一。碱基排序出现错误，就是基因突变。诱发基因突变的因素有很多，如辐射过量、高寒地带温度骤变引起多倍体变异等。一些化学物质也可能导致基因在复制时发生错误。

遗传让生命延续，变异让生命多样。

基因突变有好有坏，是一把双刃剑。好的基因突变，如可以使人骨密度增大、肌肉更发达、身体更加强壮，提高耐寒能力、使人更适应高海拔环境的生活，提高睡眠质量，等等。坏的基因突变，如可能导致遗传病，造成死胎、自然流产和出生后夭折，引起癌症，等等。实际上，所有癌症都是基因突变引起的。

虽然基因突变是随机的，但自然选择是有方向性和目的性的，只有适应环境的、好的基因突变才能遗传下去，而不适应环境的、坏的基因突变会被淘汰。现在地球上的所有物种，都是生物在亿万年的进化过程中遗传变异的结果。遗传是生命延续的基础，变异是生物多样性的前提，遗传变异和自然选择共同造就了地球生命的生生不息与千姿百态。

● 丰富多彩的地球物种

42 人类控制基因，还是基因控制人类？

人体约有 70 万亿个细胞，每个细胞有约 30 亿个碱基对，并携带 2 万多个基因。人体的细胞分为体细胞和生殖细胞，每个体细胞都包含了人体的全部遗传信息，即基因组。如果把基因组比作一部百科全书，那一个体细胞就相当于一部百科全书，而这部百科全书有 2 万多个词条，也就是那 2 万多个基因。

人的每个体细胞内都包含了人体的全部遗传信息，即基因组。

每个细胞该承担什么功能，是由细胞内的某个基因决定的。

打开细胞这部百科全书的不同页面，显示出不同的词条，即表现出不一样的基因，这个基因控制细胞行使不同的功能，这就叫基因的选择性表达。例如，当你在看书时，视觉细胞、记忆细胞、控制手指活动的细胞，甚至控制嘴巴和舌头运动的细胞，都在操控不同的肌肉、骨骼、神经等行使不同的功能，让你可以同时完成不同的动作。你的动作和谐有序、伸缩有度、张弛适中，这一切都是细胞内不同基因选择性表达的结果。

由此可知，人类的一切活动，都是基因选择性表达的结果。从这个意义上来讲，是基因在控制人类。那么基因又受什么控制呢？根据现代分子生物学研究，基因受自然选择的控制。基因受外部因素的影响，发生突变，突变有好有坏，自然选择可以使好的基因保留、积累并遗传下去，当基因突变足够大，也就是超过临界点的时候，一个物种就会变成另一个新物种。现在地球上的近千万个物种，都是40亿年前露卡的基因不断变异、遗传和自然选择的结果。也就是说，现在地球上的一切生物，无论海洋里游动的鱼、水母，空中飞舞的昆虫，陆地上爬行的鳄、龟、蛇，森林里的花草树木，还是我们人类，都有一个共同的祖先，那就是露卡。

生命是传递基因的工具，世间一切生命体，大到100多吨重的蓝鲸，小到蚂蚁、细菌，它们体形大小、外貌如何、寿命长短、有何行为举止，都受其细胞内基因的控制，我们人类也不例外。

●《清朱汝琳画虫图》（部分）

基因决定了地球上生命体的外形与其他特征

43 人类和香蕉的基因相似度为50%，这说明了什么？

常常有人拿人类与其他生物进行基因相似度的对比，例如人类与香蕉的基因相似度为 50%，这说明了什么呢？

要回答这个问题，首先要明白什么是“基因相似度”。基因相似度指的是两个生物编码蛋白质基因的相似性，而不是整个 DNA 序列的相似性。人类的每个体细胞内有 23 对染色体，包含 2 万多个基因、约

● 人类和香蕉的基因相似度为 50%

30 亿个碱基对，基因相似度指的就是对应基因中碱基对的一致性。例如，有两个基因，各包含 2 万个碱基对，其中有 100 个碱基对不同，那么这两个基因的相似度就是（20000-100）/20000，即 99.5%。

对比两种生物的基因相似度，能说明什么，或者说，有什么意义呢？

在生物体内发挥功能的大多是编码基因，非编码基因则被当作了“垃圾基因”，因此，只要对比这些编码蛋白的基因序列，就可以判断两种生物的相似性有多大。但是近年来，随着对染色体研究的深入，人们发现，这些“垃圾基因”并非不起作用。

两个物种的基因相似度越大，亲缘关系就越近。

从生物进化的角度来说，所有生物都源自“最后的共同祖先”露卡，所以，不同生物之间多少都遗留

人类与其他生物的基因相似度对比

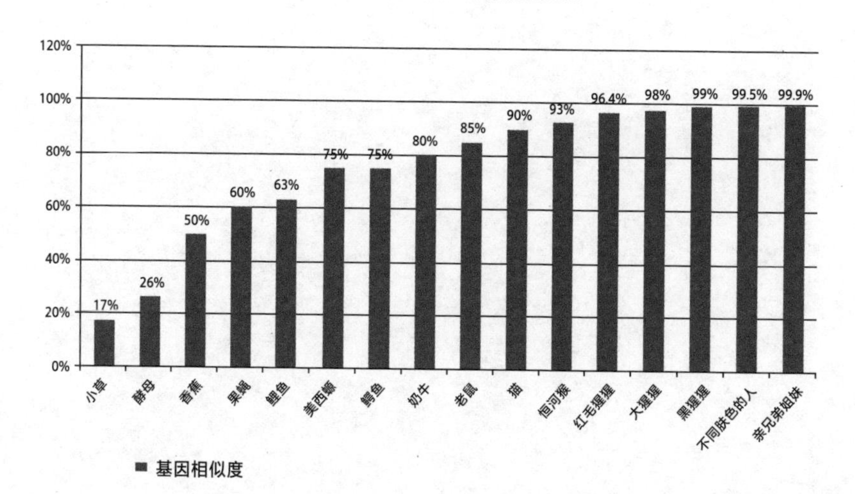

着共同祖先的一些基因特征。生物学家们通过跨物种基因对比来确定物种之间的亲缘关系，两个物种的基因相似度越大，亲缘关系就越近，且它们的最近共同祖先离现在越近，反之，则亲缘关系越远，最近共同祖先也离现在越远。

随着基因测序技术的迅猛发展，人们对越来越多的生物进行了基因测序，并与人类进行了基因相似度对比，从中可以看出它们与人类亲缘关系的远近。这些对比结果证明，不管是原核生物（如蓝藻），还是真核生物（如花草树木、飞禽走兽、人类），都存在一定程度的基因相似度，而这也充分说明，我们人类与其他生物一样，都有一个共同的祖先。

生物的生殖与受精方式是如何演化的？ 44

总体来说，生物生殖方式的演化过程，是从无性生殖演化出有性生殖，而有性生殖的受精方式的演化过程，则是从体外受精演化出体内受精。

生物的生殖与受精方式主要有以下几种。

一，无性繁殖。无性繁殖是指生命未经过受精过程进行的自我复制，往往通过细胞分裂和生物体出芽的方式产生新的后代，进行基因传递。几乎所有细菌都是无性生殖。某些多细胞动物，如珊瑚虫、水螅（xī）、海绵、海葵等，既可以进行无性生殖，也可以进行有

● 水螅

水螅常以出芽的方式进行无性生殖

● 扁虫

扁虫是一种雌雄同体的动物

性生殖。

二，雌雄同体受精与繁殖。雌雄同体受精与繁殖的动物，往往具有雌雄两套生殖器官，比如扁虫。这类动物既可以作为雄性进行授精，也可以作为雌性受精。

三，雌雄异体，体外受精与繁殖。硬骨鱼类都是进行体外受精与繁殖的，雌鱼与雄鱼没有身体接触，雌鱼先把卵子排到水里，雄鱼随后将精子排到卵子附近，精子与卵子在水中结合形成受精卵，受精卵犹如一簇簇透明的胶状物，在水中孵化，形成鱼苗。

四，雌雄抱团，体外受精与繁殖。除蝾螈（róng yuán）外，几乎所有两栖动物都是雌雄抱团体外受精的。如青蛙，雄性青蛙抱住雌性青蛙，刺激雌性青蛙排卵，雌性青蛙将卵子排到水中，雄性青蛙也将精子排到水中，精子与卵子结合形成受精卵，受精卵在水里孵化成蝌蚪。

● 鱼的受精卵

● 正在抱团受精的蛙

五，雌雄抱团，体内受精与繁殖。爬行动物、恐龙和鸟类，无论雌雄，都没有分开的肛门、尿道和产道（三者融合为一个泄殖腔），且都是抱团体内受精。雄性爬行动物和鸟类都没有生殖器，它们抱住雌性，

爬行动物和鸟类的受精卵学名为羊膜卵，俗称蛋。

与雌性泄殖腔开口对接，将精子排入雌性泄殖腔内，在雌性体内形成受精卵。受精卵发育成熟后，被雌性排出体外。受精卵学名为羊膜卵，俗称蛋。爬行动物的羊膜卵自然孵化，鸟类的羊膜卵通过母体孵化。孵化后的羊膜卵，幼体往往自己破壳而出。

六，交配受精与繁殖。所有胎生哺乳动物，包括我们人类，都采用这种生殖方式。雄性长有阴茎，雌性发育阴道和哺育胎儿的子宫。雌雄哺乳动物通过交配受精，精子与卵子在雌性体内结合形成受精卵，受精卵在雌性子宫内分裂形成胚胎，发育成幼体，最后通过产道排出体外。幼体出生后，母体通常会哺乳并将其养大。

以上也是生物生殖和受精方式的演化过程，这一过程经过了五六亿年的缓慢时光。

● 正在孵化出壳的小龟

龟不具有性染色体，性别由孵化温度决定

● 带着小狼的母狼

胎生哺乳动物大多有哺育幼崽的行为

45 为什么有性繁殖成了进化的主流？

40 亿年前，露卡诞生，此后 30 亿年的时间里，生命一直是无性繁殖，生命形式比较简单，生物缺少多样性，绝大多数生物都是无细胞核的原核生物（细菌和古细菌）和有细胞核的单细胞真核生物（原生生物），它们个体微小，肉眼几乎无法辨认。

无性繁殖，就是简单的细胞分裂，细胞由 1 个变成 2 个，2 个变成 4 个，4 个变成 8 个……这样以 2 的倍数增长，且母细胞的基因能完整地遗传给子细胞。

无性繁殖的优点是快速、简单、高效，不用消耗多余的能量，不用烦琐的求偶过程，且能 100% 遗传母体的基因。

那么，既然无性繁殖有这么明显的优势，为什么

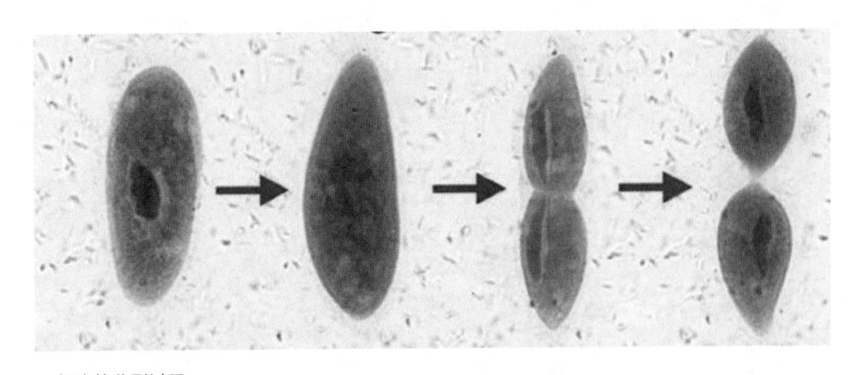

● 细胞的分裂过程

生物还会进化出有性繁殖，而且有性繁殖还成了生物进化的主流呢？

这是因为，无性繁殖虽然有很多优点，但也有无法弥补的缺陷，那就是不会淘汰有害基因。如果亲代（单亲“母亲”）有有害基因，那么就会遗传给子代（孩子），在环境发生骤变时，就会有全军覆没的风险。

有性繁殖弥补了无性繁殖的缺陷，有着无性繁殖所没有的巨大优势：一是有性繁殖的生殖细胞都是减数分裂，减数分裂的第一次分裂可以删除一半基因，其中就可能有坏的基因，这也是坏基因的一次筛选；二是有性繁殖在基因重组的过程中，发生基因突变的概率比较高，由于基因突变有好有坏，坏的突变会被淘汰，而好的突变会被保留，因此有性繁殖可以增加后代的多样性，使后代能够更好地适应环境的变化，抵御寄生虫、病毒等的侵害，可以进行基因筛选，产生更优秀的后代。

无性繁殖的致命缺陷，是无法淘汰有害基因。

综合来看，有性繁殖虽然也有诸多不足，如需要更多的能量、有麻烦的求偶过程、繁殖速度慢、受时间和地点限制较大等，但其优势远远超越了劣势。因此，有性繁殖出现后，扩张迅速，尤其自寒武纪以来，多细胞生物几乎占领了地球的海陆空，有性繁殖也成了生物主流的生殖方式。

PART 3

竟是这样的万物

第四章
动植物有秘密

46 进化论适用于植物吗？

现代分子生物学证实，进化论适用于一切有生命的群体，无论是动物、植物，还是细菌、真菌。而且，进化论不光适用于生物的宏观层面，还作用于生物的微观层面，也就是基因层面。

约 10 亿年前，蓝藻进化出真核生物绿藻。5.05 亿年前，绿藻发生基因突变，进化出布氏轮藻，后者进化出苔藓类，苔藓类又进一步分化出适应环境的裸蕨。裸蕨生长在沼泽地带，是一种只有根茎而没有叶子的植物，也是最早登上陆地的植物，是所有陆生植物的祖先。裸蕨繁盛于泥盆纪，后来发生基因突变，分别进化出蕨类植物和种子植物，并在 3.6 亿年前的泥盆纪末期灭绝。

● 裸蕨植物复原图

裸蕨灭绝后，蕨类植物（最早出现于 4.2 亿年前）开始蓬勃发展，繁盛于泥盆纪至石炭纪（4.16 亿～3 亿年前）。当时的蕨类植物大多是高大的乔木，形成了地球上第一批原始森林。蕨类植物繁盛期也是地球上重要的煤炭形成期。

约 3.85 亿年前，种子植物分

● 蕨类植物生态复原图

● 苏铁

苏铁是最古老的裸子植物之一，最早出现于约 3 亿年前，繁盛于侏罗纪，至今仍有存活

人类正在使用的煤炭至少形成于几百万年前，有的甚至是数亿年前。

化出裸子植物。裸子植物因其胚珠外面没有子房壁包被、不形成果皮、种子是裸露的而得名。裸子植物在 2.7 亿年前繁盛起来，成为植食性爬行动物的食物。6600 万年前，白垩纪末期生物大灭绝事件后，裸子植物衰败。裸子植物主要包括已经灭绝的科达树和现生的苏铁、银杏、松柏类等。

1.45 亿年前，种子植物又分化出被子植物。被子植物也称开花植物，是带壳的种子植物。中华古果是地球上出现的第一株开花植物。白垩纪之后，被子植物与鸟类、哺乳动物一起繁盛起来，并一直繁盛至今。

由上述演变过程可知，植物的演变完全符合进化论的思想——基因突变、物种变异、自然选择、适者生存，只是相比动物而言，植物的进化过程要简单一些。

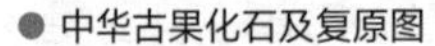

● 中华古果化石及复原图

● 被子植物酢浆草

● 被子植物玉兰

47 植物的光合作用可以被取代吗？

光合作用发生在植物的细胞内部，是植物细胞内的叶绿体与光发生作用的过程，而且，植物的细胞能够自我复制，不断遗传，持续繁衍。

约 15 亿年前，含有线粒体的真核生物吞噬了蓝藻，后来，被吞噬的蓝藻演化成了真核细胞内的叶绿体。所有植物的细胞内都有线粒体和叶绿体，在光能

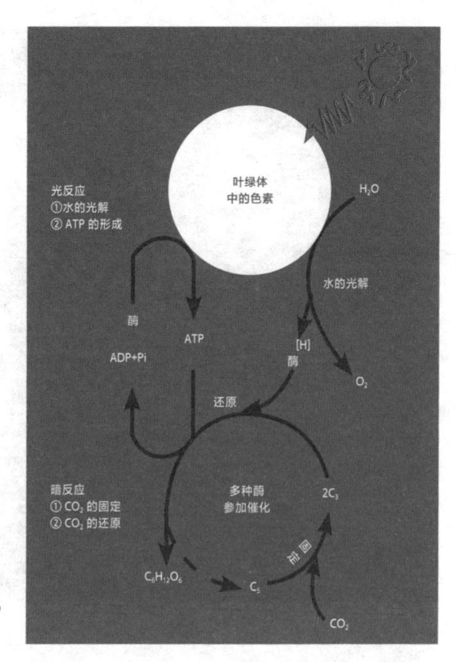

● 光合作用过程图解

光合作用第一步，光反应，在阳光的作用下，水分解为氧气（释放）和氢气；第二步，暗反应，氢气与吸收的二氧化碳反应形成葡萄糖和水

的作用下，叶绿体内的叶绿素 a 将水分解成氢气和氧气，氢气与植物吸收的二氧化碳合成葡萄糖，葡萄糖在线粒体的作用下被转换成能量，驱动细胞活动。

植物的光合作用是自然界成本最低、效率最高、创造财富最多的生物工厂。截至目前，还没有哪种自然或人造的物体，能够替代植物的叶绿体进行光合作用。不过，随着科学技术的飞速发展，也许在未来的某天，人类能够发明一项技术，取代植物的光合作用。如果真有这种技术被开发出来，人类所需的能量就可以得到满足了。

植物的光合作用是自然界成本最低、效率最高、创造财富最多的生物工厂。

48 为什么植物没有像动物一样长出脑和四肢？

自然界的高等生物大致可分为两大类，一类是动物，另一类便是植物。几乎所有植物都是自养生物，不须要进食其他生物，仅仅利用阳光，通过自身细胞内的叶绿体获得光能，就可以生长。植物的这种特性，与其细胞的特殊结构是分不开的。

植物细胞除具有动物细胞也有的线粒体外，还具有动物细胞所没有的特殊细胞器——叶绿体。叶绿体在光能的作用下，将分解成的氢气与植物吸收的二氧化碳发生化学反应，产生葡萄糖（光能 $+6CO_2+6H_2O \longleftrightarrow C_6H_{12}O_6+6O_2$）；葡萄糖在线粒体的作用下，转换成能量（ATP），为植物细胞活动提供动力来源。我们常说，“万物生长靠太阳”，实际上，只有植物生长靠太阳，几乎所有植物离开阳光或人工光源后都无法存活。假如没有了植物，动物也将难以生存，但是动物可以不依赖阳光，比如地下的洞穴内没有一点光线，却有动物生存，如洞螈、洞虾，它们依靠捕食水中的微生物为生。从这个角度来讲，动物离开了阳光，是可以生存的。

植物不须要捕食，仅通过光合作用就可以获得足够的能量，实现自然界生物的两个目的——生存与繁衍。动物之所以运动，是为了获取自身生存和繁衍所需要的能量，而不是单纯为了锻炼身体（或许现代人类除外）。同时，植物利用光合作用所获得的能量，仅仅能满足自己的生存和繁衍需要而已，并没有多余的能量来支持运动。在自然选择的驱使下，植物既不须要捕食，也不须要运动，因此没有演化出消化系统、运动系统、感觉系统、神经系统等，也没有演化出负责指挥全身活动的大脑。

生物的演化都遵循奥卡姆剃刀原理，即简单有效原理。这个原理的意思是“如无必要，勿增实体”，也就是说，没有必要，生物是不会进化出多余的身体器官或组织的。比如，生活在水里的鱼，不须要进化出用于陆地行走的四肢、转动头部的脖子、呼吸空气的肺、保护眼睛的眼睑；生活在陆地上的哺乳动物，如狮子、老虎、马、鹿，不须要进化出飞上天空的翅膀。

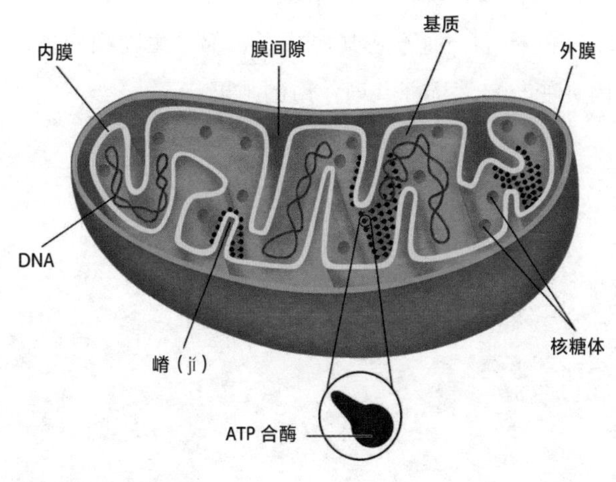

● 线粒体内部结构示意图

● 植物仅仅靠光合作用，就能获得足够的能量

因此，为什么植物没有进化出大脑和四肢呢？一言以蔽之，没有必要。动物之所以进化出了脑和四肢，是因为如果不这样，就无法生存和繁衍下去。包括植物和动物在内，现在自然界的近千万个物种，之所以是现在的样子，而不是其他样子，都是生物细胞内的基因突变与自然选择共同作用的结果。

鳄鱼为什么被称为“活化石”？ 49

鳄鱼与恐龙都是爬行动物，它们有一个共同的“祖爷爷”——主龙类。主龙类是一类真爬行动物，大约于晚二叠世出现，并在三叠纪繁盛。鳄鱼有许多与肉食性恐龙相似的特征，如心脏是4缸型心脏；体表有厚实的鳞片；仅有锋利的棒状牙齿，只能吞咽食物，不能咀嚼；靠产蛋繁殖后代；没有外耳。主龙类有两个演化分支，一个是镶嵌踝类主龙，另一个是鸟颈类主龙，镶嵌踝类主龙就是所有鳄鱼的祖先。

鳄鱼不仅与恐龙同祖，还与恐龙共同生活了1亿多年。

镶嵌踝类主龙是肉食性爬行动物，出现在三叠纪早期（2.45亿年前），在三叠纪中期（2.47亿~2.35亿年前）成为陆地优势动物，在三叠纪晚期（2.35亿~2.01亿年前）达到鼎盛。在三叠纪末期生物大灭绝事件（2.01亿年前）中，所有大型镶嵌踝类主龙灭绝，只有小型的喙头鳄类和原鳄类存活下来。这次生物大灭绝事件后，恐龙取代了镶嵌踝类主龙，成为陆地上的霸主。

恐龙的直接祖先是鸟颈类主龙，与鳄鱼的直接祖先镶嵌踝类主龙可谓“同胞兄弟”。6600万年前，

● 凿齿鳄（镶嵌踝类主龙）复原图（图片来源：Nobu Tamura）

白垩纪末期生物大灭绝事件发生后，所有恐龙都灭绝了，只有恐龙的后裔鸟类幸存下来。由此可见，鳄鱼不仅与恐龙同祖，还与恐龙共同生活了 1 亿多年。

鳄鱼从 6600 万年前的生物大灭绝事件中幸存下来，到现在仍活跃在世界各地的水域里，而恐龙却成了历史，变成了化石。现在，科学家们只能通过化石来研究恐龙的生活、生存状态以及形态特征，孩子们

● 现生扬子鳄

扬子鳄是我国特有的一种鳄鱼，也是世界上体形最小的鳄鱼之一，主要生活在我国长江中下游地区

只能通过组装好的恐龙骨架或复原图来认识恐龙。而要认识和了解鳄鱼就容易多了，去动物园就可观看活生生的鳄鱼。

鳄鱼不仅存活了漫长的时间，而且为人们研究远古生物提供了许多帮助，例如它们与恐龙同祖，因此科学家们可以通过研究鳄鱼来了解恐龙的某些特性。像鳄鱼这样，在地球上生活了数亿年，至今仍然存活的物种，都可以说是“活着的化石”，即“活化石”。

50 为什么多数动物的身体结构都是对称的？

生物的进化并不总是由低级到高级、由简单到复杂的。从动物进化的总趋势来看，动物的身体结构是从不对称到辐射状对称，再从辐射状对称到两侧对称的。最原始的原生动物，如草履虫，形状如一个鞋垫，是不对称的。

约 6.5 亿年前，出现了第一个多细胞动物——海绵，其外形如杂乱的树枝，也是不对称的。后来出现的原始动物，如棘皮动物海星、海胆等，是后口动物，大多数是辐射状对称的。

从扁虫开始出现了两侧对称的动物。扁虫是一种无脊椎动物。5.3 亿年前澄江生物群中出现的第一个有脊椎的动物——昆明鱼，也是两侧对称的动物，可以说，所有脊椎动物（包括鱼类、两栖类、爬行类、鸟类和哺乳类）以及昆虫，都是两侧对称的动物。

两侧对称是动物进化的高级阶段，也是在生物进化过程中，基因突变的随机性与自然选择的适应性共同作用的结果。两侧对称的动物运动时更容易保持平衡，可以更快、更方便地运动（如飞行、游泳、爬行、奔跑等）。两侧对称的身体结构也有助于动物的身体器官分布得更加合理，如植食性动物的两眼分别长在头的两侧，这样可以让视野更开阔，便于发现和躲避

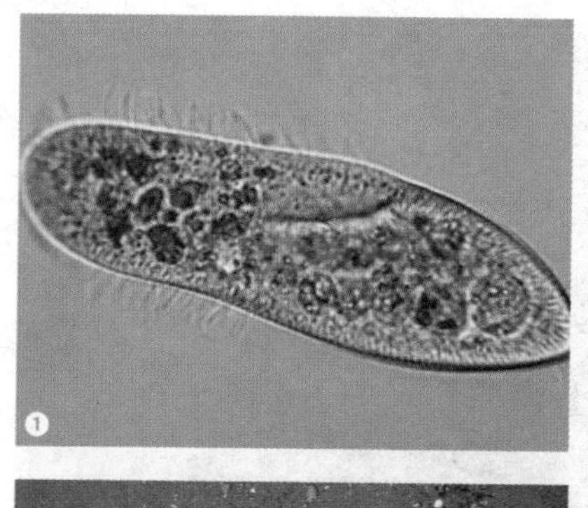

● 动物身体结构的进化：从不对称（❶草履虫，❷海绵）到辐射状对称（❸海星），再到两侧对称（❹锹甲虫）

捕食者；肉食性动物的双眼长在头的前面，可以形成立体视觉，便于对焦捕获猎物。

在自然环境下，两侧对称的动物，特别是两侧对称的陆生动物，常常处于优势地位，可以获得更多的食物，更好地躲避捕食者，而两侧不对称的动物往往处于劣势地位。在自然选择的作用下，甚至不可能出现两侧不对称的陆生动物，而两侧对称的动物则越来越繁盛。

现在地球上约有 6.7 万种脊椎动物、110 万种昆虫，它们都是两侧对称的高等动物。可以说，在可见的动物世界里，两侧对称的动物占绝对统治地位，也可以说，我们生活在一个两侧对称动物的世界里。

● 植食性动物的眼睛

● 肉食性动物的眼睛

地球上最早出现的恐龙是什么恐龙？ 51

地球上最早出现的恐龙是始盗龙。

根据进化论的观点，某一种或某一类动物都有一个共同的祖先，恐龙也不例外。那么恐龙的祖先，也就是地球上最早出现的恐龙是什么恐龙呢？古生物学家们苦苦寻找了一百多年，终于在 1991 年，美国芝加哥大学古生物学家保罗·塞里诺在南美洲阿根廷伊斯巨拉斯托盆地的晚三叠世地层中发现了这种恐龙的化石。1993 年，塞里诺将这种恐龙正式命名为始盗龙。在该

始盗龙是目前人们发现的最早的恐龙，很可能就是所有恐龙的祖先。

● 始盗龙骨骼化石

地层内，人们还发现了埃雷拉龙的化石。

始盗龙生活在 2.34 亿年前，体形小巧，成年后体长约 1 米，体重约 10 千克；为趾行动物，站立时靠后肢的三个脚趾支撑身体；后肢强健有力，能够快速短跑；前肢短小，只有后肢的约一半长，每只手上有五根手指，其中三根长有爪子；有弯曲的锯齿状牙齿，抓捕猎物后会用指爪和牙齿撕开猎物，但由于下颌没有关节，难以咬紧大型猎物；既吃肉也吃植物，属于杂食性恐龙。

最初，古生物学家们认为始盗龙可能属于基础蜥

● 始盗龙生态复原图

臀目或基础兽脚类恐龙。2011年，古生物学家们根据研究认为，始盗龙属于真蜥臀类，亲缘关系接近蜥脚形亚目和兽脚亚目，但由于太过原始，一时无法归类。

截至目前，始盗龙仍然是人们发现的最早的恐龙，很可能就是所有恐龙的祖先。后来出现的鸟臀目恐龙、蜥脚形类恐龙以及兽脚类恐龙，都是由始盗龙进化而来的。

52 窃蛋龙真的是“偷蛋贼”吗？

窃蛋龙生活在晚白垩世，约 7500 万年前，化石发现于我国内蒙古自治区东北部和蒙古国南部。

窃蛋龙是最像鸟类的恐龙之一，体形较小，犹如火鸡，身长约 2 米；头顶上长有高高耸起的骨质头冠，比公鸡的头冠还要醒目；前肢长有三个指爪，指爪弯曲而尖锐；后肢强壮有力，行动敏捷，便于快速奔跑；有长长的尾巴，尾巴后段和前肢末端发育有羽毛。

窃蛋龙的名字是怎么来的呢？它真的是“偷蛋贼”吗？要回答这个问题，就要从窃蛋龙化石被发现的经过说起了。

1923 年，美国探险家、博物学家安德鲁斯带领一支美国考察探险队伍，在今天的中国内蒙古自治区和蒙古国南部的戈壁沙漠上进行古生物考察挖掘，发现了大量恐龙蛋和恐龙新物种的化石。在挖掘和清理恐龙蛋化石时，一名叫欧森的考察队技师在恐龙蛋旁边发现了一些散乱的骨骼化石，包括肋骨碎片、部分成型的关节、腿骨化石等，甚至还有一个破碎的头骨化石。考察队员们觉得这些骨骼化石非常奇怪，状似鸟类，是不曾知道的恐龙。

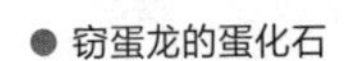

● 窃蛋龙的蛋化石

在对这些化石进行研究的过程中，当时的美国自然历史博物馆脊椎古生物学部主任、著名古生物学家奥斯本推测，这些零散破碎的化石说明这只恐龙是在一次偷窃活动中死亡的。他还推测出一个看似合理，实际上十分荒唐的故事：一只原角龙离开自己的巢外出觅食，另一只恐龙想趁机偷窃原角龙的蛋，结果被恰巧返回的原角龙逮个正着。愤怒的原角龙一脚踩碎了窃贼的脑壳，由此留下了那些残碎的骨骼化石。奥斯本还将这只正在“偷蛋”的恐龙命名为“窃蛋龙”，其属名“*Oviraptor*”在拉丁语中的意思就是“偷蛋的贼”。

从此，窃蛋龙就背上了这口“黑锅”，成了偷蛋贼，但其实，窃蛋龙是被大大冤枉的。

70年后的1993年，美国自然历史博物馆的马克·罗维尔博士为窃蛋龙“平反”，证明窃蛋龙不仅不是“偷蛋贼”，还是一个有爱心的妈妈。原来，罗维尔博士在发现窃蛋龙化石的同一个地点，发现了更多相似的恐龙蛋化石，还在其中一个蛋化石里发现了一个窃蛋龙胚胎的细小骨头，从而确认，窃蛋龙根本不是在偷原角龙的蛋，也没有被返回巢穴的原角龙一脚踩死，它是在保护自己的蛋，在用自己长而弯曲的前肢指爪呵护自己的宝宝。

按照古生物学的命名原则，一旦被命名，即便错了，也不能再更改了。

后来，人们对1923年发现的窃蛋龙骨骼化石进行复原，发现其姿势很像正在孵蛋的母鸡，两条后肢紧紧地蜷向身子的后部，两只如翅膀一样的前肢向前

● 护蛋姿态的窃蛋龙骨架模型

● 窃蛋龙复原图

窃蛋龙（*Oviraptor*），又名偷蛋龙，属窃蛋龙下目，是更接近鸟类的恐龙，身上有羽毛

伸展，呈护卫巢穴的姿势。这证明，某些恐龙种类已经具有孵化抚育能力。

窃蛋龙前肢长有羽毛，具备孵化能力，这表明它是恒温动物，已经有了鸟类的某些特征。这也是恐龙进化的标志性特征之一，证明鸟类是由恐龙进化而来的，恐龙是鸟类的直接祖先，而窃蛋龙可能就是鸟类的爷爷或祖爷爷辈。

至此，窃蛋龙 70 多年的冤假错案终于昭雪。但按照古生物学的命名原则，一旦被命名，即便错了，也不能更改，因此，窃蛋龙这个“坏名字”只能继续叫下去了。不过，现在人们已经知道窃蛋龙是被冤枉的，它没有偷蛋，而且是一个称职的好妈妈。

窃蛋龙是一个大家族，同属于窃蛋龙类的恐龙还有尾羽龙、似尾羽龙、巨盗龙、天青龙、原始祖鸟等，它们的化石发现地点与窃蛋龙一样。这些恐龙身上都长有浓密的羽毛，前肢变成了翅膀，有醒目的尾羽，但它们仍是实实在在的恐龙，只是在向鸟类进化的道路上，又前进了许多。后面又经过近鸟类、鸟翼类，最终进化出了鸟类。

● 粗壮原始祖鸟（季强和姬书安研究并命名）生态复原图（图片赵闯绘）

原始祖鸟（*Protarchaeopteryx*）生活于约 1.25 亿年前的早白垩世，是一种原始的窃蛋龙类恐龙。原始祖鸟全身长有丰满的羽毛，还有长长的尾巴，外形很像鸟类，但仍是恐龙，而比它更进化一些的始祖鸟则是最原始的鸟

53 为什么恐龙没有进化成高等智慧生物？

这个问题就是说，恐龙统治了地球约 1.7 亿年，为什么没有进化成“恐龙人”？

从进化论的角度来说，地球上一切生物的进化，都是基因突变与自然选择共同作用的结果。基因突变与自然选择，二者缺一不可，如果只有基因突变，没有自然选择，就会出现好的基因突变生物和坏的基因突变生物同时存在的情况，好坏搭配，结果好的基因无法遗传下去，更不会有好的新物种产生，最终生物走向毁灭。反之，如果没有基因突变，就不存在自然选择，或者说，自然选择就不会发挥作用，选择必须以变异为条件。

蟑螂的生命力十分顽强，比恐龙生存的时间还长。恐龙早已灭绝，蟑螂还生生不息。

进化是基因的适应性变异，无论植物还是动物，它们的进化都是由自身基因决定的，与它们在地球上生存的时间长短没有必然联系。比如蟑螂，生命力十分顽强，在地球上生存了大约 3 亿年，比恐龙生存的时间还长，但无论过去还是现在，蟑螂还是蟑螂，只是体形变小了，其他方面变化不大。与蟑螂的情况类似的还有蜻蜓、鹦鹉螺等，它们存在的时间都比恐龙长，而且现在仍然生存在地球上，恐龙却从地球上销声匿迹了。所以说，任何生物的进化，都是在其自身基因的基础上发生的，而且受到基因突变和自然选择的双重影响。

恐龙（只有兽脚类恐龙）最终演化成了鸟，这已经被古生物学与其他科学证明。可以说，进化就是“事后诸葛亮”，只能研究发生过的事情，而无法推断或预测未来，这恐怕也是许多人不相信进化论的原因之一吧！

一切生物的进化，都是不可控的，是随机的，不具方向性，但都受自身基因突变与自然选择的共同影响。正如美国现代生态学之父乔治·伊夫林·哈钦森所描述的那样：环境是舞台，进化现象是剧本，进化发展过程的遗传规则是语言，突变是即兴台词；最后，自然选择是策划、编剧与制片。

这就是恐龙没有进化成高等智慧生物的原因。

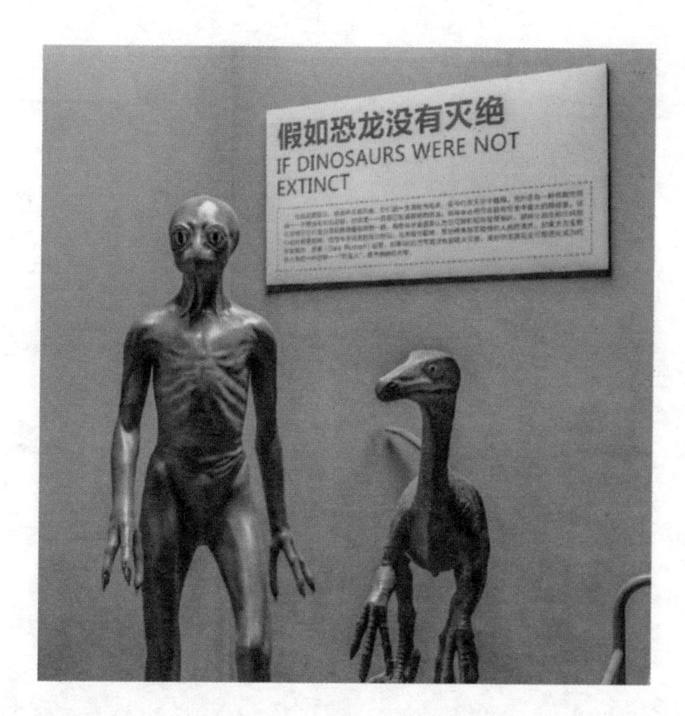

● 人们想象中的“恐龙人”

54 世界上先有鸡，还是先有蛋？

如果是从进化论的角度，并从基因突变的层面来分析，这个问题的答案就清晰多了。

可以这么说，鸡生的蛋一定是鸡蛋，但孵出第一只鸡的蛋，却不一定是鸡蛋，而可能是某种鸟类的蛋，这个鸟类产下变异的蛋，孵化出原鸡，原鸡后来被驯化成了家鸡，家鸡下的蛋，就是鸡蛋。因此，从生物

● 鸡蛋与刚出生不久的小鸡

学意义上来说，是先有变异的蛋，后有原鸡，即“先有蛋，再有鸡，再有鸡蛋”。

根据古生物学、分子生物学以及遗传学研究，鸟类的最近祖先是一种长毛的恐龙。在晚侏罗世或早白垩世，气候变得寒冷，早期的兽脚类恐龙为了保暖，首先长出了绒毛，如中华龙鸟。在自然选择的作用下，为了适应环境，也为了求偶的需要，兽脚类恐龙又在前肢和尾巴末端长出了羽毛。长出羽毛既是为了保暖，也是为了博得雌鸟的喜欢，如尾羽龙和原始祖鸟。无论是恐龙，还是鸟类，动物每一次形态特征的进化都是基因突变造成的。

动物体是由数万亿个细胞组成的，而每个细胞核内又含有数以亿计的碱基对。每个动物都是由一个受精卵不断分裂形成的，细胞在分

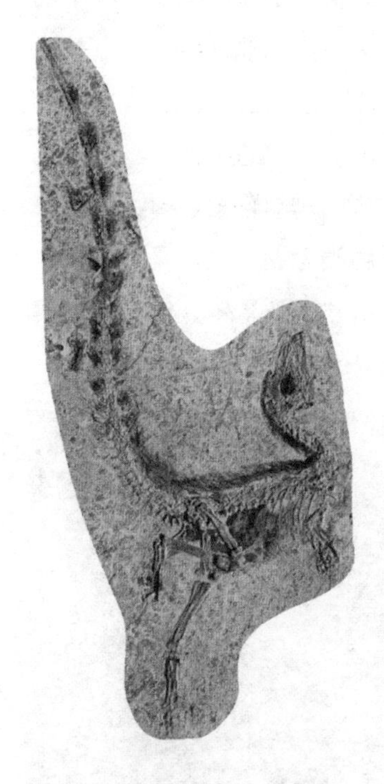

● 具原始羽毛痕迹的中华龙鸟的正模化石标本（中国地质博物馆）

● 中华龙鸟（季强等研究并命名）生态复原图（图片赵闯绘）

裂与复制的过程中，会有十亿分之一的出错率。千百万年里，基因在一代又一代之间传递，再加上环境因素的影响，导致基因变异越来越多，甚至发生基因突变。基因突变只有发生在生殖细胞中时，才能通过受精卵遗传给下一代，甚至形成新物种。如果基因突变仅仅发生在父母的体细胞内，那么是无法遗传给下一代的。与此同时，只有当父母生殖细胞的变异或突变有益于该物种的生存和繁衍时，这种变异或突变才能延续下去，也就是被遗传下去。这就是自然选择、适者生存。

鸡生的蛋一定是鸡蛋，但孵出第一只鸡的蛋，却不一定是鸡蛋。

由此可知，父母生殖细胞的变异或突变（精子或卵子单独发生变异，或精子和卵子都发生变异）是通过受精卵遗传下去的，也就是说，是通过受精“蛋”，传递给下一代的，下一代可能在形态特征上与父母完全不同，甚至是一个新的物种。这样一代一代地遗传、变异，最后一种长毛的兽脚类恐龙，也许是近鸟龙，也许是小盗龙，产下变异的“恐龙蛋”，这个蛋最终

● 现在的家鸡

进化出鸟类。

世界上第一只古鸟是发现于德国的始祖鸟（生活于1.52亿~1.45亿年前），中国的第一只古鸟是发现于辽宁西部的热河鸟（生活于1.25亿~1.13亿年前）。在中国还发现了世界上第一只今鸟——弥曼始今鸟（生活于1.3亿~1.13亿年前）。也许弥曼始今鸟就是现在所有鸟类的直接祖先，由它演化出各式各样的鸟。900万~800万年前，有一种鸟产下了变异的鸟蛋，孵化出原鸡，原鸡则是在约1万年前被人类驯化为家鸡。因此是先有蛋，再有鸡，再有鸡蛋。

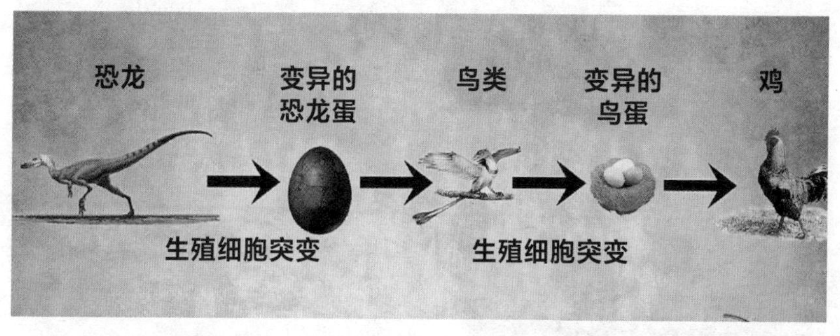

● 从蛋到鸡的演化过程示意图

55 阿喀琉斯基猴的名字是怎么来的？

阿喀琉斯基猴的名字，源于古希腊神话中的英雄人物阿喀琉斯。

传说，阿喀琉斯是凡人珀琉斯和海洋女神忒提斯的儿子，他出生后，忒提斯为了让他炼成刀枪不入的“金刚之躯”，用手提着他的脚后跟，将他浸入冥河。但遗憾的是，由于冥河水流湍急，母亲紧紧捏着他的脚后跟不敢松手，使他的脚后跟露在水外，成了身上最脆弱的地方，并因此埋下了祸根。阿喀琉斯长大后，作战英勇，所向披靡，但最终被帕里斯一箭射中脚后跟而身亡。后人常以“阿喀琉斯之踵”比喻再强大的英雄也有死穴或软肋。

● 忒提斯把阿喀琉斯浸入冥河想象图

阿喀琉斯基猴是一种已灭绝的古猴，生活在约 5500 万年前潮湿、炎热的湖边，是迄今发现的最早的灵长类动物之一。阿喀琉斯基猴体形娇小，身长约 7 厘米，体重不超过 30 克，像侏儒狐猴；四肢修长，善于跳跃和利用四肢行走；有尖小的牙齿和大眼窝，拥有良好的视力，以昆虫为食。阿喀琉斯基猴的脚后

● 阿喀琉斯基猴生态复原图

跟骨头短而宽，很像类人猿，因此借用“阿喀琉斯之踵”之意，被命名为“阿喀琉斯基猴”。

阿喀琉斯基猴的化石在2003年发现于我国湖北省荆州市，发现者为中国科学院古脊椎动物与古人类研究所倪喜军教授和他的团队。阿喀琉斯基猴同时具有类人猿和眼镜猴的特征，它的嘴巴变短，眼睛前视，表明它的嗅觉退化，而立体视觉增强。阿喀琉斯基猴最显著的特征是有一双长度超过大腿，甚至堪比小腿的大脚，且大脚趾能够与其他四个脚趾对握抓在一起。

根据达尔文进化论的观点，所有动物都源于同一个祖先（露卡），同时，每个种群又各有自己的祖先，而作为目前世界上发现的最早的灵长类动物之一，阿喀琉斯基猴很可能就是人类和各种猿猴的共同祖先。

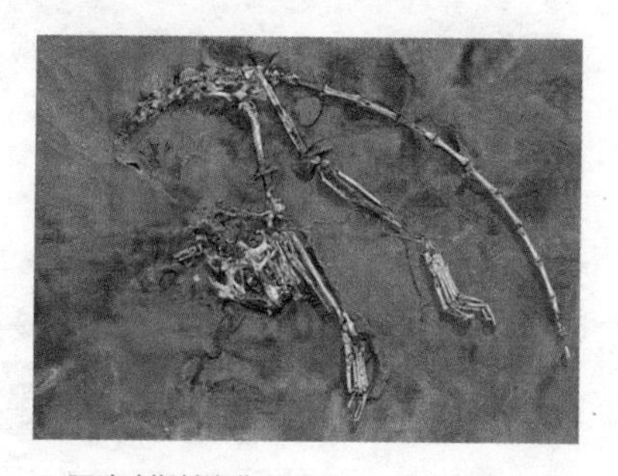

● 阿喀琉斯基猴化石

56 猫是所有猫科动物的祖先吗？

猫科包括剑齿虎亚科、猫亚科和豹亚科，其中剑齿虎亚科又包括后猫族、剑齿虎族、锯齿虎族和刃齿虎族，但它们都已灭绝，现在已经找不到剑齿虎大家族中任何一个物种的踪影了。现生的猫科动物只剩下猫亚科和豹亚科。

猫科动物都有一个共同的祖先——始猫。始猫也叫原小熊猫，是一种小型肉食性动物，只比现在的家猫稍大些，体重约 9 千克，尾巴很长，眼睛大，牙齿尖锐，趾爪锋利，很可能生活在树上，擅长跳跃。始猫的后代约在 2000 万年前进化出假猫。假猫是现代猫科动物最近的共同祖先，豹亚科和猫亚科都由其进化而来。

● 始猫复原图

● 假猫生态复原图

约 1080 万年前，假猫中的一种进化出豹亚科。现生的豹亚科包括云豹属和豹属，豹属包括现今的一些大型猫科动物，如雪豹、豹、狮、虎等，但不包括美洲狮和猎豹。现代美洲豹仅分布于美洲，也叫美洲虎，但实际上它们既不是虎也不是豹，和狮的亲缘关系比和虎的近得多。虎和雪豹在豹属中属于分化比较早的分支，而花豹、狮、美洲豹有共同的祖先，分化最晚的是狮类和花豹类。30 多万年前，各种各样的狮、虎、豹在亚欧大陆以及非洲各地蓬勃发展，并形成了目前的各种“大猫”。

约 940 万年前，假猫中的一种进化出猫亚科。现在世界各地的猫、狞猫、金猫，猎豹、猞猁等，都是由 940 万年前猫亚科的祖先分别迁徙到世界各地并进化而成的。值得一提的是，现今的非洲猎豹和亚洲猎豹并不属于豹亚科，而是属于猫亚科，它们是几百万年前回到亚欧大陆和非洲大陆的北美猎豹演化而来的。340 万年前，猫谱系的祖先在亚欧大陆和非洲大陆迅速扩张，其中一支亚洲野猫在约 1.8 万年前于近东地区被驯化，成为现今家猫的共同祖先。

● 现生大型猫科动物东北虎

● 现生雪豹

由此可见，猫并不是所有猫科动物的共同祖先。现生猫科动物的最近共同祖先是假猫，而假猫的祖先是始猫。

● 现生家猫

被冰封了3.9万年的猛犸象，有可能“复活”吗？

57

2014年10月28日，俄罗斯莫斯科展出了一头曾被冰封在西伯利亚永冻层中长达3.9万年的猛犸象遗骸。这头猛犸象是一头幼年雌象，四肢完整，带有毛发，还保有完整的大脑组织。

如果运用现在的克隆技术，有没有可能“复活”这头猛犸象呢？答案是完全有可能。

要复活已经灭绝的生物，须要满足两个基本条件：一是获得这个生物的活的体细胞，从体细胞中提取细胞核或经过基因编辑获得完整的DNA信息；二是找到与这个生物有亲缘关系的“代孕妈妈”。

在理想状态下，DNA的寿命为680万年。在实际情况下，可以解读的DNA存在时间约为150万年。

要复活冰封了3.9万年的猛犸象，这两个条件都是满足的。

首先，依据DNA的半衰期测算，在理想状态下，DNA的寿命为680万年。在实际情况下，可以解读的DNA存在时间约为150万年。因此，从DNA的

● 猛犸象群复原图

保存时间上来说，要复活冰封了3.9万年的猛犸象是可行的。

其次，猛犸象和亚洲象的亲缘关系较近，二者在480万年前由同一祖先分别进化而来。据研究，猛犸象生活于480万~4000年前的寒冷地带，最后一批西伯利亚猛犸象大约于4000年前灭绝。因此，如果能从这头冰封了3.9万年的猛犸象身体上获得保存较好的活的体细胞，科学家们就可以获得猛犸象的体细胞核，然后用猛犸象的近亲亚洲象做“代孕妈妈”。

那么，具体要如何复活一头猛犸象呢？

首先，要将完好的猛犸象体细胞核植入亚洲象的卵细胞内，取代原本的卵核，这一步须要克服卵细胞的排异反应。随后，对植入了猛犸象体细胞核的亚洲象卵细胞，即融合卵细胞进行体外培育，使其发育成早期胚胎。最后，将早期胚胎移入亚洲象的子宫内，胚胎在子宫内发育成胎儿，在这个过程中仍要克服排异反应。如果这一系列步骤都顺利完成，那么亚洲象妈妈将会在18~22个月后产下一头猛犸象宝宝。这头猛犸象宝宝是冰封了3.9万年的猛犸象的克隆产物，与其拥有相同的基因，可以说是冰封猛犸象的复制品。

不过，虽然理论上要复活冰封的猛犸象是可行的，但实际操作过程中其实困难重重。在融合卵细胞和进行胚胎移植的过程中，每一次排异反应都可能导致失败。而且，即使早期胚胎移植成功了，在后期孕育过程中，也可能因为排异反应而流产。

综合来看，虽然从理论和技术上来说，复活被冰封了3.9万年的猛犸象是完全可行的，但实际上并不容易实现。到目前为止，还没有人能成功复活一头猛犸象。

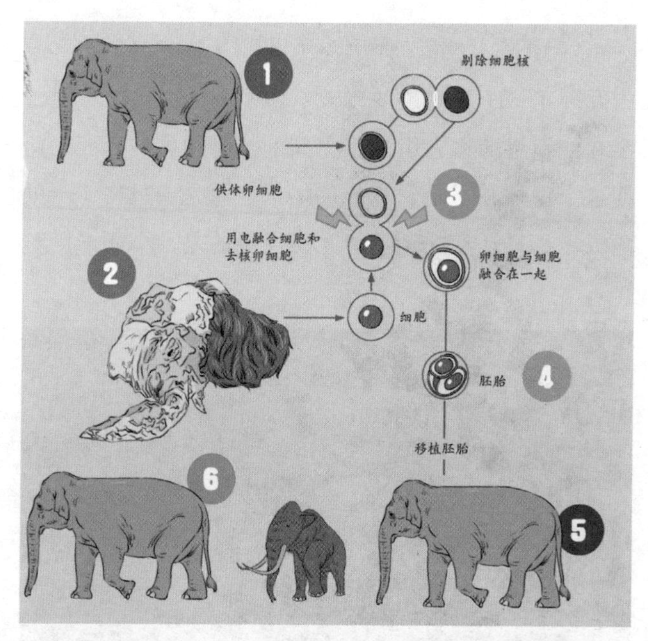

● 复活猛犸象分6步：①从现生的雌亚洲象体内取出卵子，剔除细胞核；②从发现的猛犸象血液中提取体细胞核；③利用融合技术，将猛犸象的体细胞核放入亚洲象的卵细胞（已去除细胞核）内；④让融合的卵细胞在体外分裂成胚胎；⑤将胚胎植入亚洲象的子宫内；⑥经过18 ~ 22个月的怀孕，亚洲象最终会产下一头小猛犸象

58 小鸡真的会把第一眼见到的动物认作妈妈吗？

是的，小鸡会把出壳后第一眼见到的动物（甚至只是活动的无生命物体）认作妈妈，这就是著名的“印刻效应”。

1910 年，德国动物学家奥斯卡·海因洛特在实验中发现了一个很有趣的现象：刚刚破壳而出的小鹅，会本能地跟随在它第一眼见到的活动物体的后面，即使这个物体并不是它真正的妈妈，而是一只狗、一只猫或者一只活动的玩具。尤为重要的是，小鹅一旦对

● 一群小天鹅

● 动物学家康拉德·洛伦兹

洛伦兹的老师海因洛特通过观察小鹅，发现了动物的跟随反应，并将其命名为“铭刻效应”，1932年，洛伦兹又将该词解释为“印刻效应”

某个物体形成了跟随反应，就不会再对其他物体形成这种反应了。跟随反应的形成是不可逆的，也就是说，小鹅承认第一，却无视第二。这种现象后来被奥地利动物学家康拉德·洛伦兹描述为“印刻效应”。

“印刻效应”普遍存在于鸟类和哺乳类的世界里，即使身为高等智慧生命的人类也不例外。人类会对最初接收的信息和最初接触的人留有深刻的印象，心理学家和社会学家们用“首因效应”等概念来表示人类的这种特征。

“印刻效应”普遍存在于鸟类和哺乳类的世界里，人类也不例外。

婴儿降生后45天左右，基本上耳朵就能听到声音，眼睛也能看见东西了，这时如果他不断看到、听到的是电视的影像和声音，那么他的脑中就会刻上电视的印迹，等他长到两三岁的时候，比起周围人的声音，他可能更容易对电视中的声音做出反应，这就是印刻效应在儿童身上的体现。

59 鱼为什么睁着眼睛睡觉？

鱼是最早长出脊椎的动物。最早的鱼是昆明鱼，生活在5.3亿年前，它可能是由古虫动物进化而来的。昆明鱼后来进化出具有厚厚头骨的甲胄鱼，甲胄鱼与昆明鱼一样，也是无颌鱼类。甲胄鱼类后来进化出真正有嘴的鱼，叫盾皮鱼。盾皮鱼有两个“儿子”，一个叫硬骨鱼，一个叫软骨鱼（如鲨鱼）。硬骨鱼又生了两个“儿子”，一个叫辐鳍鱼（现生的鱼鳍呈辐射状的鱼几乎都是辐鳍鱼，如鲤鱼、草鱼、鲈鱼等），一个叫肉鳍鱼。肉鳍鱼爬上陆地，进化出两栖动物。

鱼的特征有：生活在水里，靠鳍运动；用鳃呼吸；心脏由1个心房和1个心室组成，属2缸型心脏；属变温动物；雌雄鱼不用身体接触，分别将卵子和精子排到体外（水里）受精；除软骨鱼外，都有鱼鳔（辅助呼吸，具有下沉和上浮功能）；没有痛觉；牙齿由鱼鳞进化而来，多数呈匕首状，具有巨大的咬合力，如邓氏鱼的咬合力比鳄鱼还大得多。

鱼眼睛里的晶体是球形的，不能通过变形调焦，因此鱼都是近视眼，但鱼的视野比人要宽阔很多。鱼生活在水里，眼睛随时都是湿润的，且无需防止风沙、飞虫迷眼，因此没有进化出眼睑（眼皮）。因为没有眼睑，所以鱼在睡觉时，是睁着眼睛的。

● 鱼的眼睛

鱼没有眼睑，且视野广阔，不用转身就能看见前后左右和上面的物体

动物是什么时候长出眼睑，开始闭上眼睛睡觉的呢？是在肉鳍鱼登上陆地、进化出两栖动物的时候。两栖动物既可以在水里生活，又可以在陆地上生活，它们的心脏进化为 3 缸型心脏，有 2 个心房和 1 个心室（实际上是 2 个连通的心室）；消化道分支进化出肺，有了肺的部分功能，能够直接呼吸空气；成对的胸鳍和腹鳍分别进化成前肢和后肢。为了防止风沙迷眼、保持眼睛湿润，两栖动物进化出了眼睑，开始能闭上眼睛了。之后的爬行动物、哺乳动物，包括我们人类，都有眼睑。要知道，我们的眼睑可是起源于 3.67 亿年前第一个登陆的两栖动物——鱼石螈呢！

● 日本浮世绘画家歌川国芳的“金鱼戏画系列”中有一幅《金鱼百物语》，画中的金鱼全部以拟人手法表现，十分生动

60 大熊猫是怎么进化来的？

大熊猫的祖先是古食肉类动物，大约出现在2600万年前的渐新世。

古食肉类动物有“两兄弟”，即早期的似熊类和古浣熊类。在约1200万年前的中新世晚期，古浣熊类直接演化为现今北美洲的浣熊类，而早期的似熊类分别演化出始熊类、始熊猫类和早期的小熊猫类“三兄弟”。在这“三兄弟”中，“老大”始熊类，在约180万年前的更新世演化成真熊类，即今天的熊科，熊科又分为两个亚科，一个是眼镜熊亚科（有现在的眼镜熊），另一个是熊亚科（包括亚洲黑熊、棕熊、美洲黑熊、北极熊、马来熊等）；“老三”早期的小熊猫类，直接演化成现今的小熊猫；“老二”始熊猫类，则朝着特殊的方向演化为独特的大熊猫科。始熊猫就是现生大熊猫的祖先。

大熊猫并不是纯吃素的。

始熊猫的一个主要分支在中国的中南部演化为大熊猫类，其中一种小型大熊猫出现在约300万年前的上新世中期，其体形只有现生大熊猫的一半大小，像肥肥胖胖的狗。根据其被发掘出来的牙齿化石研究推测，这种小型大熊猫（古生物命名为“大熊猫小种”）已进化为兼食竹类的杂食兽。此后又经历了约200万年的演化，大熊猫类向亚热带潮湿森林迁徙，并取代始熊猫，广泛分布于今云南、贵州、四川一带。此后，大熊猫适应了亚热带竹林生活，体形逐渐增大。在约 70 万 ~50 万年前的更新世中晚期，大熊猫进入鼎盛时期，而且依赖竹子为生。

在约 1.8 万年前的第四纪冰期之后，大熊猫衰落，与此同时，其他大型哺乳动物，如剑齿象、剑齿虎等灭绝。北方的大熊猫销声匿迹，南方的大熊猫分布区也大大缩小，进入历史的衰退期。大熊猫现在主要分布在中国青藏高原东缘、长江上游海拔 2400~3500 米山系东南季风的迎风面地区，这里气候温湿，竹林生长茂盛，给大熊猫提供了丰盛的食物，是它们的理想聚居地。

研究显示，大熊猫基因组中一个能感受食物鲜度的基因失活，导致大熊猫品尝不出肉类的鲜味。大约在 700 万年前，大熊猫的生活环境发生了骤然改变，大多数动物突然死去，大熊猫找不到肉食，而恰

● 现生大熊猫

● 现生小熊猫

好竹子丰富，就逐渐进化成以竹子为食了。时间久了，大熊猫发生基因突变，不再能感知肉的鲜味，从此对肉不再感兴趣。

科学家们在大熊猫的基因里发现了10个假基因，其中两个是原本可以使大熊猫尝到肉鲜味的基因。700万~600万年前，大熊猫的这两个基因发生了突变，导致大熊猫失去了对肉的感觉，从肉食性动物变成了杂食性动物，并最终变成了食竹子的动物。大熊猫生活的地方生长着茂盛的竹子，但与肉相比，竹子的营养十分匮乏，因此大熊猫须要整天不停地吃竹子，每天要吃掉20千克之多。改吃竹子的大熊猫，给人憨态可掬、十分可爱的印象，受到世界各国人民的喜爱。但大熊猫并不是纯吃素的，它们有时也会拍死一两个小动物解解馋。在动物进化史上，大熊猫可谓佼佼者，是进化的成功者。

竹子很光滑，大熊猫用五根手指难以牢牢握住，久而久之，其基因发生突变，在腕骨两侧长出了两个类似手指的凸起，但那其实不是手指，而是腕骨两侧的突出骨。

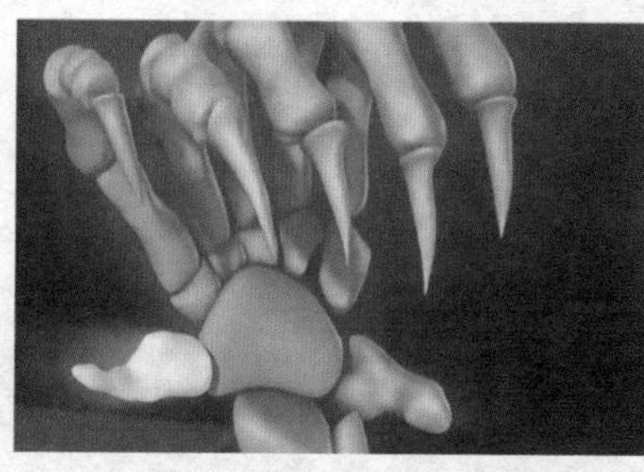

● 大熊猫的手掌和手骨

大熊猫的腕部看上去有两根手指，但那其实是腕骨的突出骨

● 正在握着竹子吃的大熊猫

第五章
人类冷知识

61 人和其他动物的本质区别是什么？

人与其他动物在很多方面都有区别，如体形、生活方式、语言能力等，但人与其他动物最根本的区别不是这些，而是两足站立、直立行走。可以说，古猿演化成人，最为关键的一步便是由四足或指掌型运动，演化成两足站立、直立行走。

用能够创造和使用工具来定义人类，是不准确的，因为猩猩和猴子也能创造和使用工具，比如猴子可以使用大块的石头砸开坚硬的果实，食用里面的果仁；猩猩可以折断树枝，将树枝伸进白蚁的洞穴里，捕食白蚁。但猴子是四足脚掌着地行走，而猩猩是用指关节外侧支撑着行走的。

古猿演化成人，最为关键的一步便是由四足或指掌式行走，演化成两足站立、直立行走。

为什么两足站立、直立行走是人类最重要的标志之一呢？这得从人类的演化说起。

约 1300 万年前，在非洲热带雨林地区和广阔的草原上活跃着一种灵长类动物——森林古猿。森林古猿既是人类的祖先，也是现代红毛猩猩、大猩猩和黑猩猩的祖先，具有猿类和人类共有的体态和行为特征。森林古猿身体矮小粗壮，过着群居生活，在树林间荡

● 正在搬起石头砸坚果的猴子

● 正在用折断的树枝捕食白蚁的黑猩猩

来荡去，主要以树叶和果实为生。它们绝大部分时间生活在树上，偶尔下到地上生活，用指关节外侧撑地行走。

后来，由于气候变得十分干冷，大量树木死亡，森林面积萎缩，大量森林古猿被迫从树上下到地面生活，逐渐学会了直立行走，它们成为最早直立行走的人类祖先，因为化石发现于东非的埃塞俄比亚，被命名为拉密达地猿，也称地猿始祖种，昵称“阿迪”（Ardi）。阿迪生活在440万年前，身高只有120厘米，仍有许多黑猩猩的特征，如上肢明显长于下肢、浑身有浓密的毛发、体重和脑容量较小等，但阿迪同时也

● 阿迪复原图

阿迪（Ardi），身高约120厘米，大脑略大于黑猩猩，颜面中部相当突出，似猿，但颜面下部不像现代猿那样突出

有人类的一些特征，如能够完全直立行走等。

阿迪不再像黑猩猩那样用指关节外侧支撑行走，它同时具有黑猩猩与人类的特征，可以说，它直立行走的一小步，开启了人类直立行走的一大步。

后来，在 390 万年前，阿迪可能演化出南方古猿。最著名的南方古猿是有“人类祖母”之称的阿法南方古猿露西。约 250 万年前，阿法南方古猿进化出能够制作简单石器的能人。在 200 万年前，能人更多地捕猎，在地上活动增多，脑容量增大，体形也变得高大，身高约 180 厘米，体态特征更接近现代人，他们就是直立人。早期直立人是生活在非洲的匠人。匠人捕猎活动增多，常常奔驰在非洲的稀树草原上，由于出汗和基因突变，匠人褪去了身上的毛发。约 100 万年前，匠人进化出海德堡人。海德堡人的脑容量可超过 1000 毫升，有了简单的语言。约 30 万年前，仍然生活在非洲的海德堡人进化出晚期智人。

晚期智人是我们现在约 80 亿人的最近共同祖先。16 万~5 万年前，一部分晚期智人走出非洲，战胜了尼安德特人，迁徙到世界各地，并逐渐繁衍至今。

综上所述，人类与动物的本质区别并不是体形、生活习惯或语言能力的差异，也不是能否创造工具，而是能否两足直立行走。

62 人类在进化过程中，为什么会失去尾巴？

要回答这个问题，得先从灵长类的运动方式讲起，因为灵长类不同的运动方式决定了其进化。

灵长类的运动方式大致有五种：一是四足型运动，即前后肢脚掌或脚趾着地行走，这种运动方式的速度最快，如大多数猴子；二是直立二足型运动，即只用两个脚掌着地行走，这种运动方式的速度稍慢，如人类；三是指掌型运动，即前肢手掌半握，以指关节外侧撑地行走，这种运动方式的速度最慢，如大猩猩、黑猩猩等；四是树跳型运动，即从一个树梢跳到另一个树梢，如婴猴、眼镜猴、大狐猴、鼬狐猴等；五是臂荡型运动，即通过长臂在林间游荡运动，如长臂猿、红毛猩猩等。

人类尾椎骨的存在，证明很久很久以前，我们的祖先也是有尾巴的。

绝大多数哺乳动物的运动方式都是四足型运动，它们几乎都长有尾巴。对于肉食性哺乳动物来说，它们的尾巴可以在快速跑动、追捕猎物时平衡身体，调整方向。对于植食性哺乳动物来说，它们的尾巴大多用来驱赶叮咬的蚊虫。因此，对于大多数哺乳动物而言，尾巴是身体的重要器官，是不可或缺的。

● 植食性哺乳动物的尾巴

● 肉食性哺乳动物的尾巴

● 用指关节外侧支撑行走的大猩猩

人类的祖先慢慢从树上下到地上生活后，为了不影响前肢的灵活运用和快速反应,如抓食树叶和水果、捕食小型猎物等，慢慢由四足型运动改成了指掌型运动。指掌型运动属于半直立运动，虽然运动速度变慢了,但半直立的上身变得更高,让它们可以看得更远，看得更广，警觉性提高，生存更具优势，并且它们对手指的使用更加快速灵活,可以迅速伸手抓(捕)食物。但半直立的指掌型运动，上半身与地面的角度小于90度，长在臀部的尾巴，不但起不到作用，反而变得碍事起来。而且，半直立行走的灵长类动物，常常臀部着地坐在地上,这时尾巴也很碍事。就这样,久而久之，人类的祖先发生基因突变,最终在自然选择的驱使下，尾巴消失，但体内仍留有很短的尾椎骨，成为曾经有尾巴的证据。

第一个发生基因突变、失去尾巴的类人猿可能是森林古猿。约700万年前，森林古猿进化出乍得人猿。乍得人猿在580万年前进化出卡达巴地猿，又在440万年前进化出地猿始祖种，即拉密达地猿。390万年前，地猿始祖种进化出阿法南方古猿。此后，又一步步进化出能人、直立人、智人，直至我们现代人。

由此可见，人类在进化过程中失去尾巴，同样是在基因突变前提下自然选择的结果。对于其他哺乳动物而言，尾巴是不可或缺的重要器官，但对于下到地面生活的人类祖先森林古猿，以及现在的我们来说，尾巴就是多余的器官了。

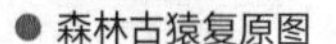

● 森林古猿复原图

63 人是先褪去了体毛，还是先穿上了衣服？

200万~140万年前，在干旱炎热的非洲草原上，生活着一群直立人，叫匠人。

匠人身高约183厘米，体型类似现在的非洲人，身材高挑，腿部修长，臀部和肩膀较窄，这也是人类在炎热干燥条件下的理想体型。匠人没有下巴，脸扁平而凸出。匠人已经有了现代人类的特征，如胃较小，胸腔位于腹部之上，呈桶状；胳膊与现代人相似，不像猿的胳膊那样长。随着捕猎和吃肉增多、脑容量增大，匠人学会了使用火，并用火烤熟根茎类食物或动物的肉。烤熟的肉更便于消化和吸收，随着对营养的有效利用，匠人的脑容量越来越大，他们更加聪明，甚至有了语言的能力。匠人的雄性与雌性身高更加接近，这也是与猿类的一大区别。匠人制造的石器也比能人制造的更加精细。

基因突变和遗传漂变最终使匠人褪去了毛发，裸露出皮肤。

匠人生活在干热的非洲，捕猎越来越多，有比较发达的足弓，能够持续不断地跑动。为了保持体温恒定，冷却身体和大脑，常常须要出汗，而出汗需要裸露的皮肤。为了适应环境，为了生存与繁衍，在自然选择的作用下，有些匠人发生了基因突变，褪去了身体上的毛发。为了避免强烈紫外线的照射，褪去毛发的匠人，皮肤逐渐由白变黑，鼻端开始隆起，鼻孔变大，利于吸入干热的空气，发育的鼻毛则避免从肺中呼出湿热气体，导致水分流失。这是人类进化史上的一次巨大飞跃，也是一次重要的基因突变。

褪去身上毛发的匠人，受到群体内其他匠人的喜欢，尤其是褪去毛发的男性匠人，更是受到女性匠人的青睐，因此，他们获得更多交配权。褪去毛发的匠人有越来越多的后代，而没有褪去毛发的匠人繁衍的后代越来越少，甚至灭绝。在遗传学上，这叫遗传漂变。人工育种就是人工作用下的遗传漂变。遗传漂变不仅可以使优质物种更容易脱颖而出，而且使优质物种更容易繁衍生息。基因突变和遗传漂变最终使匠人褪去了毛发，裸露出皮肤。

那人是从什么时候开始穿衣服的呢？通过对头虱和体虱的线粒体 DNA 与核 DNA 进行检测，科学家们得出的结论是，人类穿衣服的时间超过 19 万年。这个结论听起来比较有说服力。虽然 140 万年前的匠人已经褪去体毛，可以制作和使用工具，但根据其脑容量推测，他们还不会制作兽皮以防寒保暖。因此，问题的答案是，人类是先褪去毛发，后穿上衣服的。

● 匠人生活场景复原图

64 如果褪去体毛是进化的结果，那为什么我们还有头发？

我们的祖宗匠人，褪去了身上的毛发而保留下头发，正是在自然选择下进化的结果。

非洲阳光炙热，为了避免头部被阳光直接照射，保护大脑不因阳光照射而迅速升温，匠人的头发被保留下来。而且，匠人的头发比南方古猿又有了进化，匠人的头发会不断生长，须要定期理发，而南方古猿身上的毛发和头发长到一定长度就不再长了，所以南方古猿一生都不须要剪头发。

其实，人类除了头发外，还有其他体毛，如汗毛、腋毛、睫毛、眉毛、阴毛等。人的大部分体毛都是长到一定长度就不再生长了，只有头发和胡须例外。这些剩下的体毛对我们来说都有重要的功能，如体毛是良好的触觉器官，一阵微弱的风，一只小小的飞虫，我们的体毛都能感觉到；腋毛和阴毛可以释放信息素，还可以抑制细菌滋生，保持皮肤清洁；鼻毛可以避免尘埃和其他脏东西进入肺部，还可以避免人体内水分流失；胡须、眉毛等是

南方古猿一辈子都不用剪头发。

为了获得异性的青睐。

现代人类的这些毛发特征不同于老祖宗，都是进化过程中基因突变、自然选择、适者生存的结果。也可以说，为了更好地适应环境与气候变化，也为了更好地生存与繁衍，人类的基因发生了突变。也因此，人类成了当今最繁盛的动物物种。

● 从能人（❶）到匠人（❷），早期人类开始褪去如猿类般披满全身的毛发；从匠人到晚期智人（❸），人类的头发、胡须进化出不断生长的特征

65 人类为何会进化出现在的身体比例？

阿迪用两足直立行走的一小步，开启了人类进化的一大步。

要回答这个问题，须要再回顾一下人类的演化过程。

人类最早的祖先是森林古猿，它也是我们人类和现在大猩猩、黑猩猩的共同祖先。森林古猿生活在1300万~900万年前，体形矮小，身高只有50多厘米，体重约11千克，脑容量只有160多毫升；前肢明显长于后肢，行走时四肢着地，用前指关节外侧撑地（前手指呈半握拳状，关节面着地），呈半直立状。森林古猿基本在树上生活，犹如长臂猿一样，靠其长臂穿梭于树木之间，靠树叶或树木的果实为生，很少下到地上活动。森林古猿的一个重要特征是雄性体形远大于雌性，甚至超过雌性50%。现在的大猩猩和黑猩猩都是森林古猿的后代，依然保持着这种体态特征、行走方式和树栖生活方式。

乍得人猿，也许是人类和黑猩猩最近的共同祖先。乍得人猿生活在700万年前的非洲乍得，其头骨化石完整，颅骨很小，牙齿细小，脸部较短，眉骨突出，有厚厚的牙釉质，这与人类有明显的区别。乍得人猿同时具有进化和原始的特征，其脑容量为340~360

● 森林古猿生活想象图

毫升，与现在的黑猩猩相近。

乍得人猿是介于大猩猩与黑猩猩之间的物种，虽然有一些早期人类的特征，但仍然是猿类，体态和行为与黑猩猩并无二致；体毛浓密，前肢长于后肢；主要生活在树上，以吃树叶和水果为生；四肢行走，过着以雄性为首领的群体生活。乍得人猿虽然有了直立行走的能力，但走路像外八字脚一样，扭动着屁股向前挪动。约 500 万年前，乍得人猿进化出地猿。

四五百万年前，由于非洲气候变得干冷，森林里出现了空地，人类的祖先开始从树上下到地上，但依然保持着树栖生活。由于基因突变，我们的祖先开始与黑猩猩“分道扬镳”，从此与黑猩猩有了完全不一样的演化轨迹。最早能够站立、两足直立行走的类

● 乍得人猿头部复原图

● 乍得人猿生态复原图

人猿是生活在大约 440 万年前的地猿始祖种，即阿迪。

阿迪的体态特征依然与现在的黑猩猩十分相似，其身高和脑容量是森林古猿的 2 倍多，但仍然是朝天鼻，即鼻端塌陷，鼻孔朝天，上肢明显长于下肢，雄性体形明显大于雌性。不过，阿迪与黑猩猩有着根本性的不同，它们可以两足直立行走，从而迈出了向人类演化的一小步。阿迪的这一小步，开启了人类进化的一大步。

经过 240 多万年的演化，在基因突变的前提下，经过自然选择的作用，阿迪经过阿法南方古猿一能人阶段，进一步向人类进化，最著名的是出现在非洲的直立人——匠人。匠人生活在 200 万 ~140 万年前，身高约 183 厘米，身材高大修长，适合热带生活；头大，脑容量明显增大，为 800~1000 毫升；上肢明显变短，甚至短于下肢，与现代人类似；主要在林间开阔地带或稀树草原上生活，发育明显足弓，可以长距离奔跑追赶猎物；褪去了浓密的体毛，皮肤由白色演化成黑色；鼻端隆起；更多捕猎，吃肉增多，学会了用火，吃烤熟的肉和植物的根茎；由于吃烤熟的肉增多，食量明显减小，胃也变小。约 100 万年前，匠人进化出海德堡人，其中欧洲海德堡人进化出尼安德特人，非洲海德堡人进化出晚期智人。

尼安德特人与我们现代人的最近共同祖先——晚期智人，虽然都是由海德堡人演化而来的，但二者在许多方面有明显不同。尼安德特人身高约 165 厘米，体型敦厚壮硕，小腿长于大腿，跑动不快；脑容量明显增大，最大约为 1750 毫升，但语言能力弱，团队意识不强，擅长独立作战。或许尼安德特人正是因为这些缺陷，后来在与晚期智人的战争中落败。

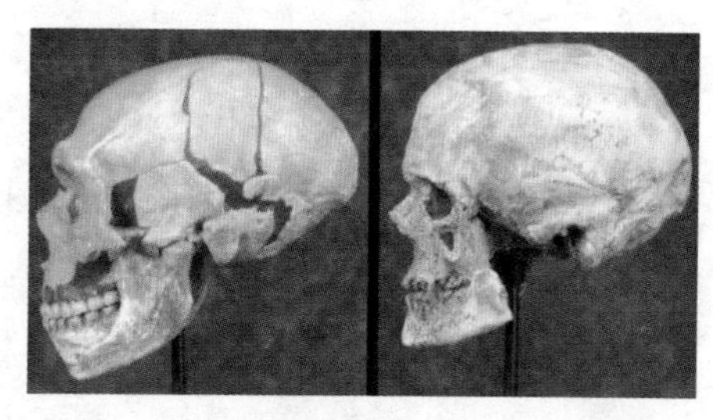

● 尼安德特人（左）与晚期智人（右）头骨化石对比

晚期智人继承了匠人的优质基因，身形高大，虽然脑容量不如尼安德特人大，但更聪明，语言丰富，善于沟通，擅长运动，也更擅长团队作战，能制作精良的武器。因此，经过多次战争，晚期智人最终消灭或赶跑了尼安德特人。

现在总结一下身体比例变化与人类演化的关系。在森林古猿—乍得人猿—地猿—阿法南方古猿—能人—直立人—智人的进化过程中，身材由矮小变得高大，身高由不足 100 厘米到可达 183 厘米，脑容量由不足 200 毫升到 1600 毫升，上肢由长变短、由长于下肢到短于下肢，下肢由短变长，上身由桶状变为倒三角状，体型由敦厚结实（尼安德特人）变得高挑修长（晚期智人），头颅由小变大，鼻子由塌陷变得高挺，

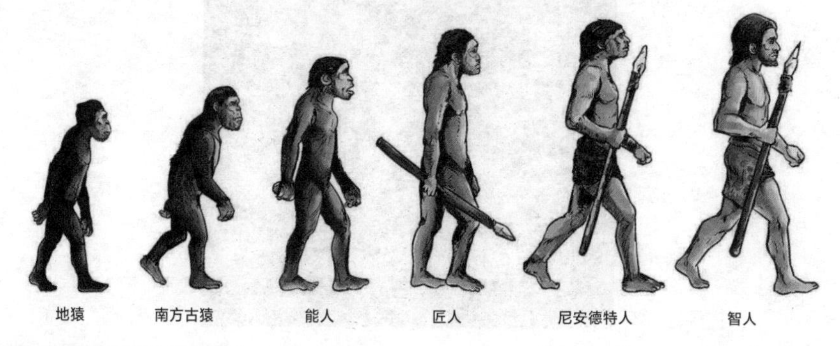

● 人类演化与身体比例变化图

身上由布满浓密的毛发到变得光滑。

现代人之所以进化出现在的身体比例，是因为我们的老祖宗由在树上生活变为在地面上生活，由半直立行走变为两足直立行走，由以植物果实、根茎为食演化为以动物的肉为食，由不发育足弓演化为发育有发达的足弓，脑容量由小于500毫升演化为1400毫升，由缓慢的两足行走演化为奔跑追赶猎物，身材越来越高，体重越来越大，褪去了体毛，皮肤变黑，由上肢长于下肢演化为上肢短于下肢，体形由雄性远大于雌性演化为男性只比女性略高大。这一切都是人类为了适应环境，为了更好地生存与繁衍，经过几百万年演化而来的。

● 晚期智人身材比例复原图

为什么猜测人类的发源地在非洲？ 66

为什么人类的祖先首先出现在非洲，而不是别的地方？可能与生殖隔离有关系。

约 3300 万年前，由于地壳板块的运动，汹涌炙热的岩浆从两个板块（阿拉伯板块与非洲板块）之间涌出，将古老的非洲大陆撕开一个巨大的裂口——东非大裂谷。2300 万 ~500 万年前，为东非大裂谷主要断裂运动期；500 万 ~260 万年前，为东非大裂谷大幅度错动期，并基本形成现在的样子。东非大裂谷长约 6000 千米，最深处达 2000 米，最宽处达 200 千米，是世界上最大的断裂带。

关于人类起源，除了非洲起源说，还有多地起源说等多种观点，有待科学研究来证实。

东非大裂谷的形成，阻碍了非洲的森林古猿之间的交流，长时间之后，形成了生殖隔离。生活在东非大裂谷东侧埃塞俄比亚中部阿瓦什河谷阿法尔洼地的一支古猿，为了适应地理环境和气候的变化，世世代代基因突变，形成了地猿始祖种，即阿迪。阿迪生活在 440 万年前，位于人类系统树的根附近。

古人类学家推断，阿迪具有混合型特征，既有其祖辈类人猿的原始特征，又有后来的原始人类所具有

● 东非大裂谷俯瞰图

的衍生特征。古人类学家因此假设，是阿迪演化出了像露西那样的南方古猿。我们人类的基因是从露西那儿遗传来的。阿迪也可能是一个分支，与我们的直接祖先是姊妹种，但它们的宗族已经灭绝。

约 320 万年前，出现了有“人类祖母”之称的露西；250万年前，露西进化出能够制造简单石器的能人；200 万年前，能人进化出早期直立人——匠人；100 万年前，匠人进化出海德堡人；30 万年前，生活在非洲北部的海德堡人进化出晚期智人。我们现代人都是晚期智人的后代。

由此可见，人类很可能起源于非洲大裂谷以东的埃塞俄比亚。正是东非大裂谷的形成，造成了生殖隔离，才进化出了人类。生命进化是生物基因突变引起的、自然选择的结果，可以说，每一个新物种的诞生都有偶然性，都是随机的，又都在自然选择的驱使下，向适者生存的方向进化。人类作为世界上唯一有智慧的生命，是最初的生命经过 40 亿年演变的结果。

67 都是智人的后代，为什么人有不同的肤色？

我们现代人都属于一个物种，即智人，无种族之分，根据皮肤的颜色不同，又分为四个亚种，即黑色人种，又称尼格罗人种或赤道人种；白色人种，又称高加索人种或欧亚人种；黄色人种，又称蒙古人种或亚美人种；棕色人种，又称澳大利亚人种或大洋洲人种。

经科学证实，白色人种、黄色人种出现的时间在4万~3万年前。这四个人亚种，都是约16万~5万年前晚期智人走出非洲迁徙到世界各地后，由于各地地理环境和气候的差异而分别形成的。可以说，这四个人亚种具有同一个祖先，这个祖先就是从非洲迁徙来的智人。

智人是由30万年前生活在非洲的晚期直立人海德堡人进化而来的，而海德堡人又是由100万年前的早期直立人匠人进化而来的。最初褪去毛发的匠人的皮肤是白色的。在非洲的炽热阳光和强紫外线的照射下，为了避免皮肤受到伤害，他们的皮肤细胞产生了黑色素，黑色素可以防止紫外线对细胞核内的染色体造成伤害。这样慢慢地，褪去毛发的匠人的皮肤就变成了黝黑色。

强烈的紫外线照射，会影响维生素B9（叶酸）的产生。叶酸减少，红细胞产生速度变慢，导致贫血，更为严重的是，当孕妇缺乏叶酸时，一是胎儿的大脑和脊髓发育可能不正常，容易产生脊柱裂、无脑等畸形胎儿；二是容易导致孕妇早期流产或晚期早产、胎儿体重偏低，影响胎儿生长和智力发育。由此可见，黝黑的皮肤保证了人类祖先种群的生存繁衍与基因传递，让我们免遭灭绝的命运。

匠人的鼻端开始隆起，不再像阿法南方古猿那样，鼻端塌陷，鼻孔朝天。由匠人进化出的海德堡人也是黝黑皮肤的，这种黝黑皮肤的海德堡人进化出的晚期智人也是黝黑皮肤、大鼻子，也就是说，我们现代人的祖先晚期智人，就是具有大鼻子的“黝黑皮肤的人”。

黝黑皮肤的晚期智人走出非洲，陆续到达了阿拉伯、印度、东亚，以及欧洲、大洋洲、美洲，他们消灭或赶走了当地的早期智人，如尼安德特人或丹尼索瓦人，最终占领了世界各个角落。

人类的肤色变化，更多取决于气候的差异、环境的不同、阳光和紫外线的强弱。

迁徙到欧洲的黝黑皮肤的晚期智人，由于当时欧洲，特别是北欧，气候寒冷，光照不足，而如果人吸收的紫外线过少，身体内转化维生素D不足，就容易得软骨病，因此，为了适应阳光不足的环境，长时间生活在欧洲的晚期智人发生基因突变，进化出白色的皮肤，从而有利于吸收阳光中的紫外线，提高体内维生素D的转化率，避免软骨病的发生。在自然选择的作用下，这种有利于生存与繁衍的、使皮肤变白的基因就一代代遗传下去了。

亚洲和大洋洲的气候环境以及阳光照射介于非洲与欧洲之间，所以生活在亚洲的晚期智人进化成了黄色人种，生活在大洋洲的晚期智人进化成了棕色人种。由此看来，气候的差异、环境的不同、阳光和紫外线的强弱，是导致人种肤色不同的主要因素。

除皮肤颜色不同外，四个人亚种在体态和鼻子的形状上也不一样。白色人种身材高大魁梧，鼻子高挺，头发多为金黄色，鼻管狭长，鼻孔较小，可以将空气温暖地吸入肺部；黑色人种身体相对矮些，身材修长，有卷曲的黑色头发，鼻端肥大，鼻孔大，鼻毛浓密，以适应干热的天气，阻止体内水分的呼出；亚洲的黄色人种和大洋洲的棕色人种在身材和鼻型上，介于黑色人种与白色人种之间。

● 人类分为四个亚种（自左至右，自上而下：白色人种、黄色人种、黑色人种、棕色人种），但都具有十分相近的基因，说明人类可能源于同一个祖先

68 为什么很多哺乳动物生下来就会跑，而人不行？

在所有哺乳动物中，只有人类是直立行走的，而其他哺乳动物，包括与人类亲缘关系最为接近的黑猩猩，都依靠四肢运动。

直立行走的确给人类带来了极大便利，比如让视野更广，更容易发现敌人和远处的猎物；使人类可以长距离奔跑追赶猎物；被解放出来的双手，能够制造和使用复杂的工具，进而促进了语言的产生；使人类可以捕获更多猎物，学会了使用火，脑容量越来越大，人类变得更加聪明和心灵手巧。但是，直立行走也给人类带来了不利的一面，比如人类经常要忍受背痛、腰痛等。同时，直立行走使妇女的臀部变小，产道随之变窄。随着人类脑容量的增大，人类的头颅也变得非常大，如果等到胎儿像其他哺乳动物那样，发育完全再生产，孕妇就可能因难产而死。因此，自然选择让人类的生产提前，在婴儿还未完全发育时就将其生产下来。所以人类都是“早产儿”，都是半胚胎状态，须要在体外再进行培育。人类的聪明和巧

人类新生儿原来都是“早产儿”。

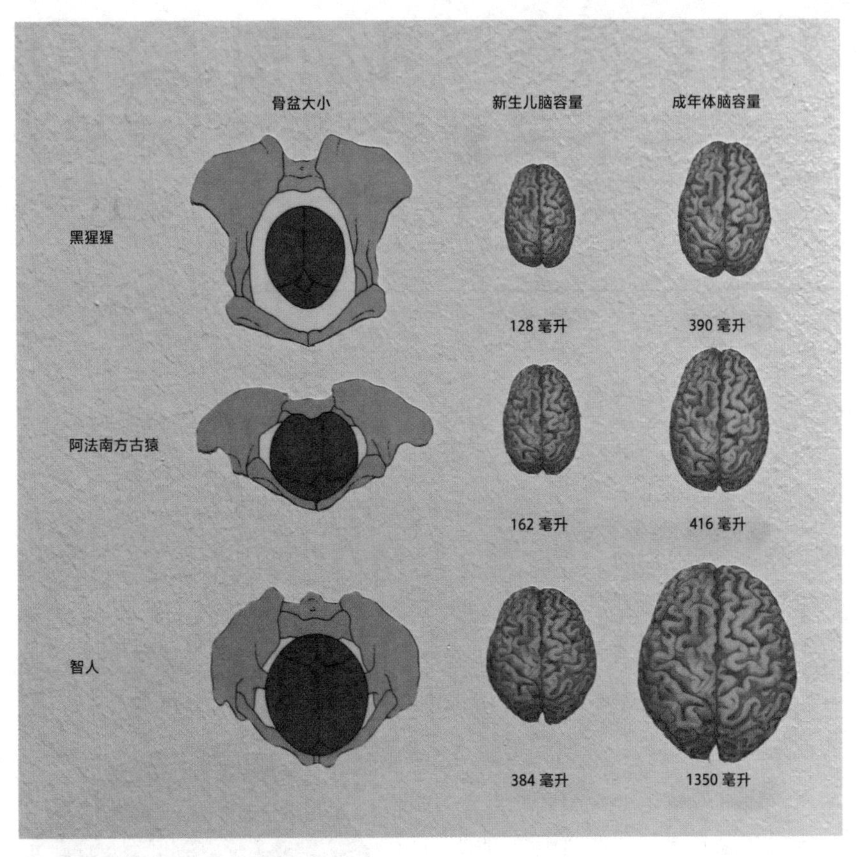

● 人科动物骨盆大小与脑容量对比示意图

手则恰好可以弥补这方面的不足，可以照顾刚生下的孩子。

哺育幼崽有两大好处。第一，使人类的社交能力变得更强。因为要照顾孩子，母亲不能再去觅食、抵御强敌等，这样就需要家庭甚至集体的协作，于是渐渐形成了有强大社会关系的部落。第二，使人类的可塑性比其他动物更强。人类更能接受教育和社会化的影响，因此才有不同的生活习惯、兴趣爱好等。

其他哺乳动物都是四肢行走，不具有人类直立行走的优势，尤其是植食性哺乳动物，如角马、斑马、象、藏羚羊等，它们为了吃到更多丰美的植物，须要不断地、大规模地、长距离地迁徙，还要避免肉食性动物的捕食。为了种群的延续，在自然选择的驱使下，它们要等到胎儿完全发育成熟后才生产，因此，这些植食性哺乳动物的幼崽出生后，很快就能够站立和行走，跟随妈妈一起迁徙，这样母子不至于掉队，也能免遭肉食性动物的捕杀。不过，刚出生的小哺乳动物，要依靠妈妈的奶水才能活下来，这一点与人类一样。同时，刚出生的小哺乳动物，虽然可以跟随妈妈行走，但必须依靠群体的力量来保护，因为弱小的哺乳动物往往是肉食性哺乳动物猎食的目标。

其他哺乳动物一生下来就可以跑动，是为了自己的生存。人类不像其他哺乳动物那样一生下来就能奔跑，是双足直立行走导致的，人类都是“早产儿”，而这也是为了人类的生存。

● 刚出生的小角马，紧紧跟在妈妈身后

69 为什么动物不会得癌症，而人却会得？

只要活得够长，动物也会得癌症。

要回答这个问题，首先要说一说癌症是怎么产生的。

人体由大约 70 万亿个细胞构成。生命的生长与繁衍就是细胞自我复制的结果，假如细胞停止了自我复制，那么生命就会终止。癌症就是非正常细胞的恶性增殖，这种细胞不加约束地自我复制，就产生了肿瘤细胞，而肿瘤细胞疯狂增殖，便形成肿瘤。肿瘤细胞消耗了正常细胞需要的能量，挤占了正常细胞的生存空间，最终导致正常细胞因缺乏能量而死亡，因此，癌症不是一种病，而是一类病的统称。

引起细胞恶性增殖的原因是基因突变。人体约有 2 万个基因，其中 100 多个与癌症有关，这类基因的突变会增加或改变它们制造的蛋白质的活性，促进癌症的形成。只要有三四个与癌症有关的基因发生突变，就会导致癌症发生。人体自身的免疫细胞可以识别肿瘤细胞，并将其消灭，但是当免疫系统出现问题，或免疫能力下降时，肿瘤细胞就难以被发现，或被发现后无法被彻底消灭，这样肿瘤细胞就会不加约束地自我复制，这就是癌症发生的根源。

知道了什么是癌症后，再来说一说为什么动物不会得癌症，而人却会得。

其实，除遗传变异外，婴幼儿和青少年得癌症的概率是很低的，这与细胞的自我复制、自我修复以及免疫能力高低有密切的关系。婴幼儿和青少年生命力旺盛，细胞复制次数正常，自我修复能力较强，免疫能力强，恶性肿瘤细胞不容易出现，或出现后很快被消灭，因此患癌症的概率很低。随着年龄的增长，人

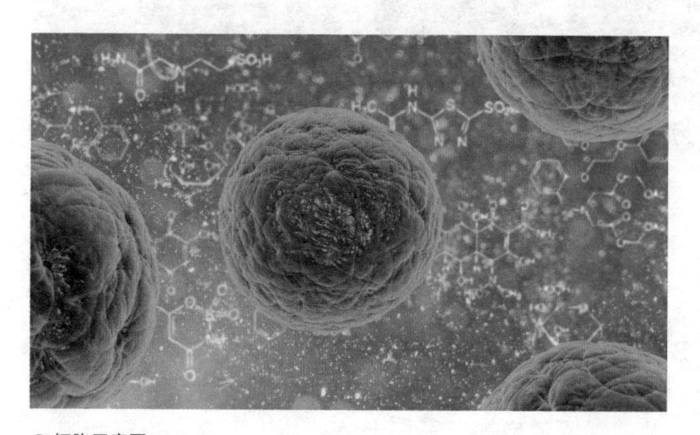

● 细胞示意图

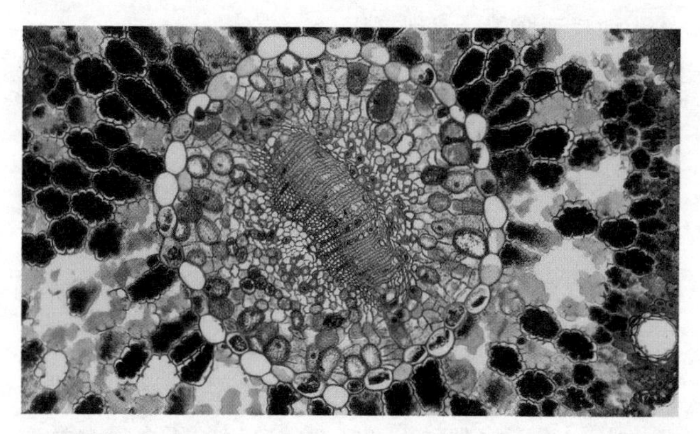

● 显微镜下的癌细胞

● 亚洲象

只要活得够长，动物也会得癌症。大象的寿命为60~80岁，科学家们通过对644头死亡大象的研究发现，约有3%的大象受癌症困扰。大象患癌症的概率远低于人类，这是因为大象有20份TP53修复突变的基因，而人类只有1份

体机能衰退，细胞死亡速度加快，人体细胞复制次数增多，加之细胞的自我修复能力降低，细胞出现复制错误和基因出现突变的概率就会大大增加，从而导致肿瘤细胞的增加，再加上免疫能力下降，免疫细胞识别和消灭肿瘤细胞的能力不足，这样肿瘤细胞就会无休止地疯狂增殖，出现癌症。

在哺乳动物中，人类的寿命是较长的，平均可达七八十岁，所以老年人容易得癌症。爬行动物虽然能活上百岁，但它们都是变温动物，新陈代谢速率低，且几乎都有冬眠的习性，如果将其年龄按新陈代谢速率折合成哺乳动物的年龄，恐怕不超过50岁。总而言之，野生动物，如角马、斑马、老虎、狮子、鬣狗等，寿命都很短，等不到得癌症的年龄就死了。研究发现，家养的宠物，如猫、狗，甚至实验用的小白鼠，由于

生活舒适，寿命延长，有的也患上了癌症。

现代人之所以更多得癌症，大多是寿命延长的结果。当然，环境污染等其他致癌因素也不容忽视。我们常说，过去人很少得癌症，那是因为过去的人寿命较短，过去曾有“人生七十古来稀”一说。现代人的寿命大大延长，八九十岁常见，百岁以上的老人也不稀罕，因此现代人，尤其是老年人，得癌症的概率大大增加。

70 为什么人的手指和脚趾都是 5 个？

要回答这个问题，就要从进化学的角度，追根溯源，了解脊椎动物的演变历程。

最早的脊椎动物昆明鱼出现在 5.3 亿年前。4.23 亿年前，鱼类进化出上下颌骨，出现了第一个有“嘴”的脊椎动物初始全颌鱼。3.75 亿年前，出现了最像四足动物的肉鳍鱼提塔利克鱼，其鱼鳍已经进化成具有腕骨的肉鳍，可以支撑身体，向陆地上爬行。3.67 亿年前，肉鳍鱼终于凭借其强壮的肉鳍和能够呼吸的肺，登上陆地，进化出第一个陆上脊椎动物鱼石螈。鱼石螈和棘鱼石螈是最早的两栖动物。

人类的 5 个手指有利于抓握，5 个脚趾则能更好地支撑身体。

刚刚由肉鳍鱼的肉鳍进化出四肢的鱼石螈和棘鱼石螈，脚趾数量并不相同，鱼石螈前肢的脚趾数量不确定，后肢各有 7 个脚趾；棘鱼石螈四肢各有 8 个脚趾。后来的两栖动物，随着在陆地上爬行时间的增多，慢慢进化为后肢各有 5 个脚趾（如彼得普斯螈）。此后的爬行动物基本生活在陆地上，它们都保留了 5 个脚趾的特征。这也是两栖动物基因突变、自然选择、适者生存的结果，因为 5 个脚趾最适合在凹凸不平的

● 四肢各有 8 个脚趾的棘鱼石螈复原图

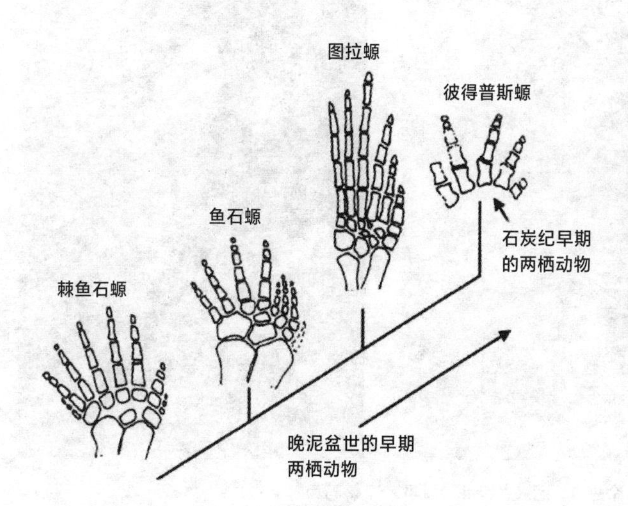

● 两栖动物脚趾数量的演化：由多到少

晚泥盆世的早期两栖动物，如棘鱼石螈、鱼石螈和图拉螈，主要生活在水里，单脚的脚趾数分别是 8 个、7 个和 6 个。到了石炭纪，在自然选择作用下，彼得普斯螈每个后脚的脚趾数演化为 5 个

地面上爬行和支撑身体。自然选择往往是最优的选择，多一个脚趾，脚腕会变得不灵活，不利于爬行；少一个脚趾，不利于支撑身体。

随着生活环境和生态位的变化，脊椎动物的四肢也会发生改变。譬如鸟类，其前肢演变成了翅膀，前肢指爪也发生了明显的退化，而后肢变得强壮有力，利于起飞时的加速跑动。由于栖息在树上，鸟类的后肢只有 4 个趾爪，前面三个相当于人的二、三、四脚趾，后面一个则相当于人的大脚趾。鸟类的小脚趾退化没了，剩下的 4 个脚趾更有利于牢牢地抓握树枝、于树林中栖息生活。同时，少一个小脚趾，也减轻了体重，有利于鸟类飞行。

● 现代家猫前肢各有 5 个趾爪，后肢各有 4 个趾爪

● 马蹄

由陆地哺乳动物印多霍斯兽进化出的鲸，其前肢进化成鳍状肢，后肢严重退化，尾巴进化成鱼的尾鳍状。这一切都是在水中生存繁衍所必需的。

猫科动物的前肢各有 5 个趾爪，后肢各有 4 个趾爪，前肢 5 个趾爪便于捕获猎物，后肢 4 个趾爪有利于快速奔跑。

马在进化过程中,体形增大,齿冠增高,趾数减少,由最初的四趾过渡到三趾,最终进化成只有一个蹄子。

最后再来说说人类。人是由最早的灵长类经过森林古猿、乍得人猿、地猿、阿法南方古猿……一步步进化而来的，它们都具有四肢，且各有五趾（指），由最早的树栖生活，改为后来在地上生活。人类前肢各有 5 个手指，便于抓握，且有利于制造和使用工具；后肢各有 5 个脚趾，有利于支撑身体和负载重物。

脊椎动物的趾（指）数，不管是一趾（蹄）、四趾，还是五趾（指），都是基因突变、自然选择、适者生存的结果，我们人类也不例外。

71 人为什么要学习呢？

我们人类都是由一个共同的祖先，在自然选择的作用下，传承并改变了祖先的基因，一代接着一代繁衍至今的。现在的你，无论样貌、体态，还是智商、情商，甚至艺术天赋、运动天赋等，都是由父母的遗传基因决定的，你和你的兄弟姐妹之间，在人类基因相似度上，相差不到 0.1%，相似度可能高达 99.9%。

人类后天获得的知识和技能无法遗传给后代。

父母的样貌、体态、智商、情商等方面的遗传基因，甚至一些致病的遗传基因，如诱导糖尿病、高血压症、肥胖症、抑郁症等疾病的基因，都可能会遗传给你或你的兄弟姐妹。但父母后天获得的生活技能、工作方法、知识水平等，是不能遗传给你以及你的兄弟姐妹的，这些必须通过后天模仿、学习和训练才能获得，否则，你就不会生活，也不会工作，甚至连最基本的吃饭穿衣都成问题，你的生存也就成了问题。所以，我们人类只有通过后天学习，才能够生存，能够创造，能够发展。

今天高度发达的社会，迅猛发展的科技，丰富多彩的生活，都是人类在遗传的基础上，不断学习，持续进步，不断创造的结果。就连我们的近亲黑猩猩，

● 正在操作机器的工人

自出生后，也要经过后天的学习，才能掌握生存的本领。比如，幼小的黑猩猩在长辈的带领下，不断模仿，不断学习，学会如何采食树叶和果实，学会如何捕食白蚁，知道怎样辨别有毒的蘑菇、植物、果实等，否则，小黑猩猩不能存活下去。因此，我们人类必须经过后天学习，掌握必要的生存本领，才能生存、创造与发展，而这也印证了拉马克“获得性遗传”的观点是错误的。

● 采食树叶的黑猩猩

72 未来人类会进化成什么模样？

在这里我们要再回顾一下什么是进化，以及为什么会发生进化。进化就是生物为了生存与繁衍，发生的适应性变化。比如，最早的四足动物提塔利克鱼，为了离开水（由于水面缩小，生活在水里的提塔利克鱼面临着极大的生存危机）爬上陆地生活，进化出了最早的两栖动物鱼石螈。鱼石螈进化出眼皮以保护眼睛，进化出肺（不完善的）以呼吸空气，进化出四肢五趾以在陆地爬行，褪去鱼鳞的皮肤可以协助呼吸，鼻孔也由只具有嗅觉功能变成了呼吸器官。

人类进化的每一步都是难以预料的，都是随机的。

鱼石螈为什么会进化出这些器官？是为了适应陆地生活，为了生存繁衍的需要。鱼石螈的祖先提塔利克鱼发生基因突变，也就是细胞在分裂和复制过程中发生了复制错误，这种错误是不可避免的，是随机的，具有极大的偶然性。如果这种复制错误发生在DNA的基因片段，就会导致生物可遗传的变异，在自然选择的作用下，这种可遗传的变异积累，最终基因发生突变，肉鳍鱼进化成鱼石螈。可以说，生物生长繁衍的过程，就是细胞分裂复制的过程，细胞复制总是要出错的，这种“错”如果有利于生物的生存与繁衍，就会在自然选择下被保留下来，这就是进化。所以说，生物进化是随机的，没有目的性和方向性，也不总是由简单到复杂、由低级到高级，完全是一种适应性的过程。

人类与其他生物并没有两样，人类的生长发育、繁衍生息，也都离不开细胞的分裂与复制。人类细胞在分裂复制过程中出现的基因突变同样是随机的，具有不可预测性。古生物学研究证明，人类的祖先是 440 万年前出现在东非埃塞俄比亚密林里的地猿始祖种（阿迪）。说阿迪是人类的祖先，是因为它与猿类，如现在的黑猩猩有着根本性的区别，阿迪可以两足站立，直立行走。后来，阿迪依次进化出南方古猿、能人、匠人、海德堡人、智人，晚期智人是我们现代人类最近的共同祖先。

人类进化的每一步都是难以预料的，现在我们所能知道的只是历史遗留下的进化结果，而这并不能指明未来的进化方向。人类时时刻刻都在自然选择的作用下发生着进化，究竟未来会进化成什么模样，恐怕谁也说不准。也许未来人类会如《三体》中描述的三体人那样，思维透明，相互之间不用说话就能交流沟通，你要做什么，遇见你的人，一看到你，就心知肚明了！你认为这是有可能的吗？欢迎一起发挥想象。

● 科幻剧中对未来世界的想象

73 人类会灭绝吗？

宇宙之内，世间万物，无论是有机物还是无机物，无论是有生命的，还是无生命的，都被热力学第二定律（熵增定律）支配，都在向无序状态转化。有生就有灭，万物都要经历一个从诞生、成长，到衰老、死亡的过程。人类虽然有思想，有意识，是地球上最高等的生命，但也要遵从生命的规律，难逃死亡和灭绝的命运。就连主宰地球命运的恒星——太阳，也是如此。太阳诞生于46亿年前，度过了幼儿、少年和青年时期，犹如一位能活百岁的人，刚刚过了46岁生日，正值壮年。再过50亿年，支撑太阳核聚变的氢物质就会消耗殆尽，太阳将步入暮年，形成红巨星，最终坍缩形成一颗白矮星。太阳毁灭后，太阳系也将不复存在，到时宇宙会是什么样，现在的我们也不得而知。

50亿年后，太阳将会老去。当太阳毁灭后，太阳系也将不复存在。

地球上的生命自诞生的那一刻起，大约经过了40亿年的历程，其间数不胜数的生命出现又消亡，如在地球上生活了近1.7亿年的恐龙，在6600万年前第六次生物大灭绝事件中销声匿迹，只留下了后代——

● 太阳变成红巨星后几乎能吞噬地球

鸟类；数百万年前称霸北美洲、欧洲和亚洲，有“万兽之王”美誉的剑齿虎，也在旧石器时代结束的时候从地球上消失了。还有许多大型动物，如猛犸象、铲齿象、恐象，三趾马、巨犀、大唇犀等，也不知什么原因，都从地球上没了踪影。人类的祖先出现在地球上，不过在六七百万年前，我们的最近直接祖先晚期智人，只有30多万年的历史。人类走出非洲，迁徙到世界各地，是在16万~5万年前。此后，在短短的数万年时间里，人类增长到了现在的80亿人。按照目前的人口增长速度计算，再过五六十年，地球人口将达到100亿。

现在的人类正处于高速发展时期，物质极为丰富，科技高度发达，“可上九天揽月，可下五洋捉鳖”，而且还在以更快的速度向前发展。但即使这样，人类最终也将难逃灭绝的命运，只是时间早晚的问题。不过，这个时间终归离我们还很遥远，起码现在的你我是不必担心的。

PART 4

科学与想象

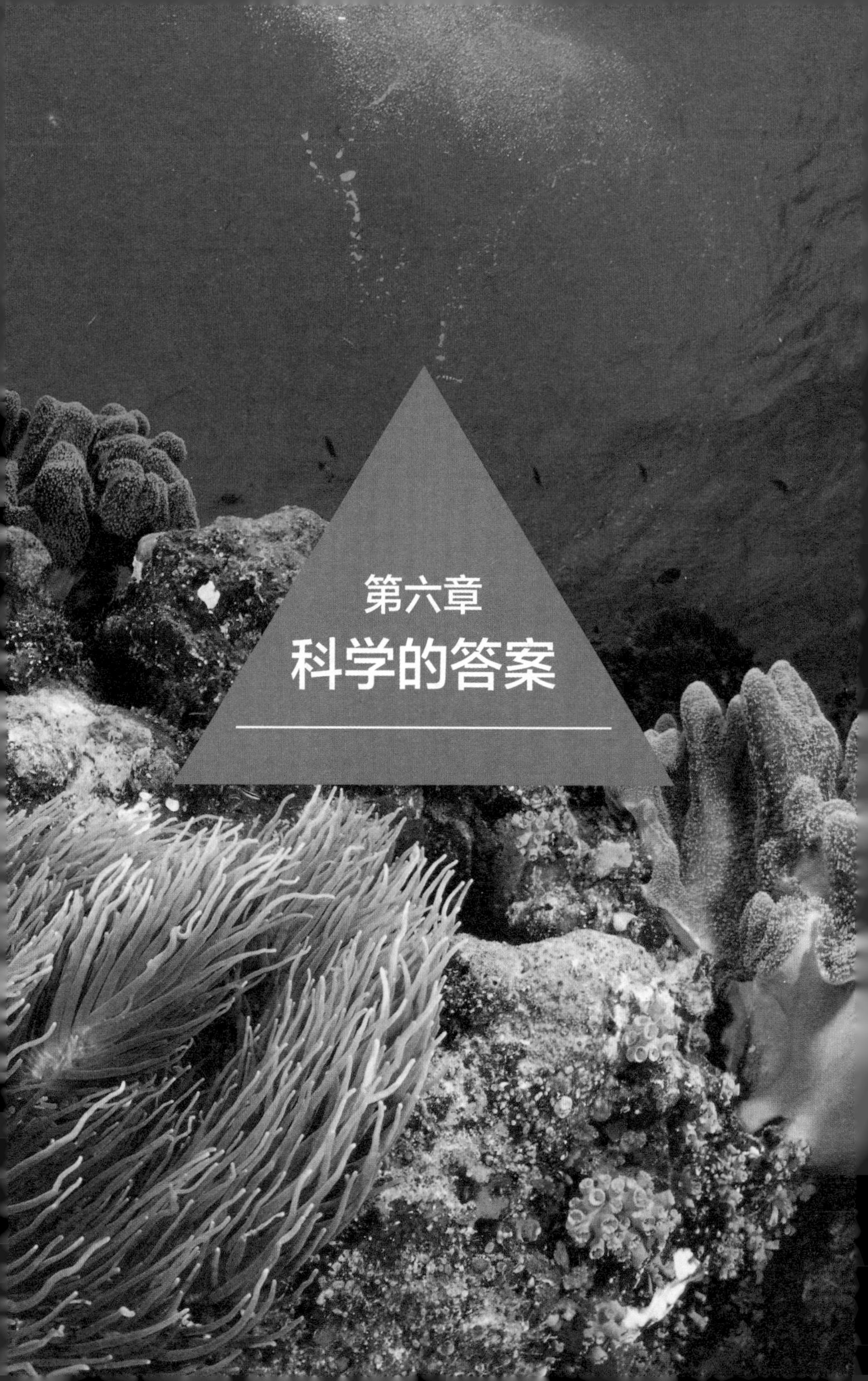

第六章
科学的答案

74 什么是生物大灭绝？

一般来说，生物大灭绝指的是在较短时间内（从不足百万年到数百万年不等），由于某种自然因素，生物发生大规模集群灭绝事件，有时也由几次小的灭绝事件集合而成。在生物大灭绝事件中，常常有一个或数个科或目，甚至一个或数个纲的生物物种彻底消失，或仅有少数物种幸存下来。

生物大灭绝事件的特点是，无论生物在整个生态系统或食物链中处于什么位置，都在劫难逃，归于灭绝，而且经常是很多不同种类的生物一起灭绝，但总有个别种类的生物幸存下来，同时某些种类的生物由此诞生或呈多样化蓬勃发展。生物大灭绝事件有一定的周期性，大约 6200 万年为一个周期。生物大灭绝事件对动物造成的影响较大，对陆生植物的影响相对较小。

关于生物大灭绝事件出现的原因，有多种假说，归纳起来，不外乎小行星撞击说、伽马射线暴说、气候改变说（冰川说、雪球地球说）、火山活动说等。生物大灭绝事件往往并非由某一种原因造成，而是两种或两种以上原因的叠加。

从 5.41 亿年前到 6600 万年前，地球上共发生过六次生物大灭绝事件，每次大灭绝事件都会造成大量生物灭绝，但总会有个别在进化史上有重要意义的生物诞生并繁衍起来，为生命的延续起到承前启后的作用。

● 小行星撞击地球，造成恐龙灭绝想象图

第一次生物大灭绝事件

5.41亿年前，地球上发生了第一次生物大灭绝事件，也称埃迪卡拉生物大灭绝事件。这次生物大灭绝事件不是由“快速事件”（陨石撞击地球或超级火山喷发）引起的，而是海洋中氧含量的骤然大幅升高（甚至达到现在氧含量的60%）造成的。这是地球历史上的第二次大氧化事件。氧含量的骤然升高，促进了细胞分化，形成了不同的细胞群，细胞出现分工，从而使不同的细胞具有不同的功能，生物体的代谢更加高效，生物体更能适应环境。氧含量的增加使物种数量明显增加，也促成了复杂动物的进化，如节肢动物、软体动物、腕足动物、环节动物、原始的脊椎动物等，在此后的2000万年间，这些新的生物突然大量涌现，科学家们形象地称之为“寒武

● 埃迪卡拉生物大灭绝事件与寒武纪生命大爆发事件之间的生态复原图

纪生命大爆发”。有科学家认为，也许正是“寒武纪生命大爆发”所产生的这些复杂动物捕食了早先的埃迪卡拉生物，才导致了这次生物大灭绝事件。

第二次生物大灭绝事件

第二次生物大灭绝事件发生在4.44亿年前的奥陶纪末期，原因可能是在距离地球6000光年的宇宙中，一颗中子星与黑洞不知为何相撞，产生数束伽马射线，其中一束击中了地球（击中地球的概率极小，不到一亿分之一）。伽马射线击穿气体分子，使地球大气遭受严重破坏，臭氧层几乎损失了1/3，紫外线直接穿透大气层，杀死了大量浮游生物，破坏了海洋食物链，海洋生物面临食物匮乏的危机。伽马射线还杀死了大量珊瑚，破坏了海洋生物赖以生存的家园。随之而来的是气体重新化合成二氧化氮，导致二氧化氮遮天蔽日，一半阳光因此无法到达地球，海水温度也随之骤降至约10摄氏度。在之后的数十万年时间里，地球气温不断下降，冰川面积不断扩大，海平面整体下降了50~100米，地球进入了第三个大冰期，也称安第斯－撒哈拉大冰期（4.42亿~4.3亿年前），昔日生机勃勃的海洋就像死神来过一样，海生生物遭受灭顶之灾，广翅鲎、鹦鹉螺、三叶虫等大量灭绝，只有少数物种残存下来。

这次生物大灭绝事件之后，甲胄鱼类，如曙鱼、东方鱼、锯齿宽腹鱼、橄榄纹曲师鱼、刘氏镰角鱼、滨海涌洞鱼，以及更加进化、游泳能力更强的盾皮鱼

三叶虫化石

类，如长吻麒麟鱼、初始全颌鱼等繁盛起来，迎来了“志留纪－泥盆纪鱼类时代”。

第三次生物大灭绝事件

第三次生物大灭绝事件发生在3.77亿~3.72亿年前，历时500万年，也称泥盆纪末期生物大灭绝事件。

关于这次生物大灭绝事件的原因，有多种观点，如小行星撞击说、地幔热柱－火山喷涌说、超新星爆发说、冈瓦纳古陆冰川覆盖说、海藻过度繁衍引起海洋缺氧说等，目前学术界仍未有统一的观点，但这次生物大灭绝事件实实在在发生过。这次生物大灭绝事件也许是多种因素、多期次作用的结果。3.77亿~3.76亿年前，先在西伯利亚海底有二三千万亿立方米玄武岩岩浆从裂缝中喷涌而出，而后在中国的西部大陆地区，又有200万亿立方米岩浆喷到地面。岩浆的大量涌出，杀死了周围数十千米内的所有生物。火山还喷发出许多火山灰和有毒气体，它们遮天蔽日，完全遮住了阳光，地球陷入了200万年的长夜

● 火山喷发也被认为是生物大灭绝的可能原因

之中。因为无法获得太阳能，地球温度大幅下降，冰川覆盖了南纬45度以上地区，从此，腕足动物、棘皮动物、竹节石、双壳类、腹足类以及游弋的三叶虫、菊石等几乎销声匿迹，称霸海洋的甲胄鱼类、肉鳍鱼和盾皮鱼，绝大部分都永远地退出了地球历史舞台。但这次生物大灭绝事件也拉开了两栖动物进军并统治陆地的序幕，鱼石螈、棘鱼石螈等两栖动物登上陆地，陆地从此成了脊椎动物的栖息地，脊椎动物在陆地上繁衍生息至今。

第四次生物大灭绝事件

第四次生物大灭绝事件发生在2.51亿年前，也称二叠纪末期生物大灭绝事件，这次生物大灭绝事件也是地球历史上最为严重的一次。在二叠纪，生命经历了数十亿年的演化之后出现了大发展，水里、地上和空中出现了各式各样的生物，地球成了生命的“伊甸园”。二叠纪时期的海水清澈温暖，无数低级小生命在海洋中无忧无虑地生活着，如珊瑚虫、苔藓虫、有孔虫、海绵等。这些小生命在海洋中繁衍生息，在数千万年的时间里，创造了一个个生命奇迹，形成了一座座超级生物礁。

● 现代海底珊瑚礁

在二叠纪，陆地上森林密布，高大的蕨类植物、裸子植物郁郁葱葱，林间五彩斑斓的昆虫翩翩起舞，这些昆虫体形都堪称巨大，可达二三米长。这样欣欣向荣的景象持续了近 5000 万年，直到二叠纪末期，环境发生巨大变化，大部分生物才从地球上消失了，三叶虫也从此在海洋中永远不见踪影。地球不再是生命的“伊甸园”，剩下的极少部分生物也在遭受蹂躏。据科学家们统计，有多达 95% 的海洋生物和 75% 的陆生脊椎动物在二叠纪末期惨遭灭绝。

科学家们通过对二叠纪末期岩石地层进行研究，发现铱（yī）元素富集，而铱主要来自外太空，因此推测这次生物大灭绝事件可能与小天体的撞击有关，但这一观点仍然受到质疑。20 世纪 90 年代，科学家们在西伯利亚的冻土层中发现了绵延数千千米的火成岩，这些岩石被称为“西伯利亚大火成岩省”。由此我们可以想象这样一幅画面：地壳被火山熔岩撕裂出一个数千千米的“大口子”，炙热的岩浆喷涌而出，在数百万平方千米的大地上肆虐横行，所产生的约 200 万立方千米的火山岩和火山灰在冷却后形成了这一超大规模的火成岩省。科学家们经进一步研究发现，发生在 2.51 亿年前的这次巨大的火山喷发持续了 100 多万年。二叠纪末期的生物大灭绝事件很可能与这次大规模的火山喷发事件密切相关。

这次大规模的火山喷发对全球气候产生了巨大影响，持续不断的火山喷发将大量火山气体和火山灰喷入空中，导致气温急剧升高，随之而来的则是气温急剧下降。这一次次的气温骤升与骤降，对生物产生一次次重创，而弥散在空中的火山灰遮挡了阳光的照射，阻碍了植物的光合作用，最终从根本上摧毁了整个地球的生态系统。

与之前的几次生物大灭绝事件一样，这次的大灭绝事件既是生物的灾难，也是生命进化的契机。第四次生物大灭绝事件促使脊椎动物的听觉系统进一步演化，听觉能力大幅度提高。与此同时，脊椎动物的颌骨也发生进化。这次生物大灭绝事件后，天上出现了翼龙，水里有了鱼龙，陆地上出现了恐龙。2.34 亿年前，第一只恐龙始盗龙出现在南美洲，拉开了恐龙进化的序幕。

● 在二叠纪末期生物大灭绝事件中，大量物种灭绝

第五次生物大灭绝事件

第五次生物大灭绝事件发生在 2.01 亿年前，也称三叠纪末期生物大灭绝事件。

三叠纪末期，地球上的陆地还是一个整体，所有陆地连在一起形成一块超级大陆——盘古大陆（联合古陆）。后来，软流圈的岩浆剧烈活动，最终岩浆喷涌而出，造成了三叠纪末期生物大灭绝事件，并将盘古大陆切割成两半，形成了劳亚古陆和冈瓦纳古陆，从此拉开了地球六大板块运动的序幕，大西洋有了雏形。

2.01 亿年前的某一天，在现今北美洲南部、大西洋西岸的美国佛罗里达州，一大股水蒸气突然从地面喷向高空，一群正在觅食的真双型齿翼龙因来不及躲闪而被活活烫死。这是大灾难的前奏。后来，地面上出现了一条 2500 千米长的裂缝，从北美洲的佛罗里达海岸一直向中大西洋延伸，海水遇到滚热的岩浆，被迅速汽化，水蒸气迅猛喷发，周边的气温急剧升高，一场灾难即将来临。随着一声巨响，约 1.8 亿亿立方米的岩浆从这道裂缝中汹涌喷出。岩浆急速扩散，淹没了约 200 平方千米的地表。岩浆所到之处，所有生命荡然无存。伴随着岩浆喷发，还喷出了大量有毒气体。大量二氧化碳扩散到大气中，遮天蔽日，导致全球气温急剧升高。全球平均温度，从灾难发生前的 16 摄氏度，在数百年间迅速升高至 30 摄氏度。很多动物因食物短缺或呼吸困难而死亡。

在生物大灭绝事件中，常常有一个或数个科或目，甚至一个或数个纲的生物物种彻底消失。

灾难发生约 1 万年后，大气中的氧含量骤降，而二氧化碳的含量却上升。肺功能弱的鳄类大多灭绝。大气中的水蒸气与二氧化硫发生化学反应，连续下了数万年的酸雨使植物数量锐减。灾难发生十几万年后，枯木在高温下开始燃烧，产生了大量有毒气体和灰烬。数万吨

● 火山岩浆所到之处，所有生命荡然无存

灰烬在大气中滚动，使生物的命运又一次雪上加霜。灾难发生数十万年后，岩浆终于停止了喷发，但喷发形成的火山灰遮天蔽日，照射到地面上的阳光减少了一半。地球进入了大规模的冰期，全球气温骤降，从30摄氏度下降到10摄氏度。大批动物因卵无法孵化而灭绝。

几十万年后，冰期结束了，但此时，地球上的生命几乎消失殆尽，地球生物开始了漫长的恢复期。又过去了几十万年，幸存的植物不断繁衍，它们制造氧气，大气氧含量逐渐增加，从此，地球开始焕发生机。

这就是第五次生物大灭绝事件，造成当时70%的物种灭绝，有百余种鳄类遭到重创，波斯特鳄、鸟鳄、凿齿鳄、狂齿鳄、链鳄等都灭绝了，但有一些鳄存活到了现在。

恐龙因这场灾难呈爆发式多样化发展，体形由小变大，体长可达数十米，体重可达数十吨，形态各式各样，并迅速成为地球霸主，遍布世界各大洲，但最终又都在第六次生物大灭绝事件中灭绝了。

第六次生物大灭绝事件

6600 万年前，一个直径约为 10 千米、质量约为 2 万亿吨的小行星碎片以每秒约 20 千米的速度飞越大西洋，撞击在墨西哥湾尤卡坦半岛上，撞击形成的陨石坑——希克苏鲁伯陨石坑，直径有 193 千米，深达

● 恐龙在地球上生活了约 1.69 亿年

32千米。撞击引发了地震和海啸，致使火山大量喷发，火山灰遮天蔽日，温度急剧下降，时间长达数十年，地球变得寒冷、黑暗和干燥。同时，撞击还导致地球森林燃起熊熊烈火，这些足以使恐龙灭绝。此外，藻类、植物死亡，食物链被摧毁，大批动物因饥饿而死，约有75%~80%的物种灭绝，陆地上的恐龙，水里的海龙类、楯齿龙类、蛇颈龙类、沧龙类等海生爬行动物，以及空中飞行的翼龙类全部灭绝。

这就是地球历史上最为著名的第六次生物大灭绝事件，也称白垩纪末期生物大灭绝事件。这次生物大灭绝事件之后，小型陆生哺乳动物依靠残余的食物勉强为生，飞翔于蓝天的鸟类终于熬过了最艰难的时日。到了6000多万年前，脊椎动物开始了大繁荣，从此地球迎来了哺乳动物的多样化发展，开启了“哺乳动物时代”。小型哺乳动物呈多样化发展，个体由小变大。普尔加托里猴等最早的灵长类开始繁衍起来，拉开了灵长类进化的序幕。

● 在第六次生物大灭绝事件中，恐龙、蛇颈龙、沧龙、翼龙等全部灭绝

为什么一颗直径10千米的小行星碎片就能让地球生物灭绝？

75

实际上，6600万年前那颗直径10千米、造成地球第六次生物大灭绝的小行星碎片，虽然使统治地球长达1.69亿年的恐龙，以及天上飞的翼龙、水里游的蛇颈龙和沧龙灭绝，但带来了哺乳动物和鸟类的蓬勃发展，因此，这颗小行星碎片并没有灭绝地球上的所有生物，只是灭绝了绝大多数爬行动物和古鸟类。那为什么这颗小行星碎片撞击地球，就能灭绝地球上的

● 6600万年前，小行星碎片撞击地球，引发了第六次生物大灭绝事件

这么多生物呢？

我们可以用“蝴蝶效应”来解释这次生物大灭绝事件。美国气象学家爱德华·罗伦兹这样阐释蝴蝶效应：在南美洲亚马孙河流域热带雨林中，一只蝴蝶偶尔扇动几下翅膀，2 周以后，就可能引起美国得克萨斯州的一场龙卷风。也就是说，一个不起眼的小动作，却可能引起一连串巨大反应。那颗直径约 10 千米的小行星碎片撞击地球时产生的威力，相当于 100 亿颗原子弹同时爆炸。更何况撞击还引发了一连串连锁反应，山崩地裂，山呼海啸，火山肆虐，岩浆喷溢，滚烫的火山尘埃喷向数千米的高空，除直接导致大量动植物被烧死或烫死外，还对环境和气候产生了巨大的破坏作用。火山灰悬浮在空中，遮天蔽日，地球温度下降，藻类死亡，植食性恐龙赖以生存的松柏类、科达树等植物被毁灭，恐龙食物匮乏，生态链断裂，大型生物死亡，地球上 75%~80% 的物种灭绝。

小行星撞击说是目前古生物界比较主流的说法。

在这次生物大灭绝事件中，恐龙、翼龙类、蛇颈龙类、沧龙类和古鸟类是最大的受害者，此后，它们在地球上销声匿迹，只留下了数量不多的化石。不过，恐龙、翼龙等形象深受现代人喜欢，它们出现在电影、纪录片中，成为许多影视作品的主角，也是古生物学家们热衷于研究的对象。

76 有躲过后五次生物大灭绝事件的生物吗？

5.41 亿年前，地球上发生了第一次生物大灭绝事件（即埃迪卡拉生物大灭绝事件），许多物种消失，但此后的2000万年间，更为复杂的动物，如节肢动物、软体动物、腕足动物、环节动物、原始的脊椎动物等大量涌现，这种爆发式的生命出现和增长，即科学家们所说的“寒武纪生命大爆发”。此后，在 4.44 亿年前至 6600 万年前的 3 亿多年时间里，地球上又发生了五次生物大灭绝事件（即前文中提到的第二至第六次生物大灭绝事件）。

鹦鹉螺是经历了后五次生物大灭绝事件后，唯一幸存下来的头足类动物，而且也是现存最古老、最低等的头足类动物之一。

在地球历史上，躲过后来的五次生物大灭绝事件、存活至今的生物可谓凤毛麟角，其中，最为著名的大概就是鹦鹉螺了。鹦鹉螺是经历了后五次生物大灭绝事件后，唯一幸存下来的头足类动物，而且也是现存最古老、最低等的头足类动物之一。

2021 年，中国科学院南海海洋研究所喻子牛团队对珍珠鹦鹉螺进行了基因组测序，其基因组仅有 730.59Mb，编码了 17170 个基因，是当前头足类动

● 现生鹦鹉螺

物中最紧凑的一个基因组，也是该类群中进化速率最慢的物种。

鹦鹉螺之所以能在生物大灭绝事件中一次又一次幸免于难，成为海洋中的“活化石”，是因为它具有独特的身体结构、特殊的生活习性和灵活机动的应急方式。

鹦鹉螺是海洋软体动物，属头足类，与章鱼、乌贼是一类动物，具有发达的脑，是最聪明的无脊椎动物之一。鹦鹉螺现在有 2 属 6 种，其外壳由许多腔室组成，各腔室之间有隔膜隔开；鳃 2 对；具有 63~94 只腕，无吸盘；眼简单，无晶状体；无墨囊。鹦鹉螺的外壳薄而轻，呈螺旋形，表面呈白色或者乳白色，生长纹从壳的脐部辐射而出，多为红褐色，整个外壳光滑如圆盘，形似鹦鹉嘴，故得名“鹦鹉螺”。

鹦鹉螺最早出现在5亿年前的晚寒武世，繁盛于4.85亿~4.44亿年前的奥陶纪，当时它们几乎在全球都有分布，而且体形很大，体长最大可达11米。现在鹦鹉螺主要分布于热带印度洋－西太平洋的珊瑚礁水域中。经过5亿多年的演化，鹦鹉螺除体形有巨大变化外，外形和习性变化很小，在研究生物进化等方面有很高的学术价值。

● 鹦鹉螺“有眼无珠”的眼睛

鹦鹉螺营底栖生活，通常夜间活跃，白天则在海洋底质上歇息，以腕握在海底岩石上。鹦鹉螺生活在海洋表层100~600米深处，躯体的腔室内充满气体，能够通过调控气体量，适应不同深度的压力。鹦鹉螺是肉食性动物，吃小鱼、小蟹、软体动物、底栖的甲壳类等，其中尤以小蟹为多。在暴风雨过后的夜里，鹦鹉螺会成群结队地漂浮在海面上。

鹦鹉螺腕上无吸盘，为叶状或丝状的触手，用于捕食及爬行。当鹦鹉螺把肉体缩到壳里的时候，会用触手盖住壳口。鹦鹉螺在休息时，总有几条触手负责警戒。在所有触手的下方，有一个类似鼓风夹子的漏斗状结构，通过肌肉收缩向外排水，以推动鹦鹉螺的身体向后移动。鹦鹉螺也因此被海洋生物学家们称为“海洋中的喷射推进器”。

鹦鹉螺犹如一艘设计精巧的潜水艇，其外壳由横断的隔膜分隔出30多个独立的小房室，最后一个（也是最大的一个）房室就是动物体的居住处。随着动物

● 鹦鹉螺外壳的内部构造

体不断成长，房室也周期性地向外侧推进，外套膜（位于外壳内）后方则分泌碳酸钙与有机物质，建构起一个崭新的隔膜。在隔膜中间，贯穿并连通一个细管，可以输送气体（多为氮气）到各房室之中，这样就能像潜水艇似的，掌控着壳室的浮沉与移动。

鹦鹉螺有独特的身体构造，有坚硬的外壳保护，生活范围广，不挑食，只要是肉类就几乎都不放过，有照相机一样的眼睛，有聪明的大脑、机敏的触手和高度的警觉性，反应灵敏，加速快，逃跑及时，又适应环境变化，体形由大变小，因此躲过了后来的五次生物大灭绝事件，至今仍生活在大洋中。

77 地球上所有物种都有存在的必要吗？

根据五界分类系统，生物分为原核生物界、原生生物界、真菌界、动物界和植物界。常见的动物界与植物界，有几百万个物种，其中昆虫已知的有100多万种，脊椎动物（包括鱼类、两栖动物、爬行动物、哺乳动物、鸟类）有6.7万余种。可以说，现在地球上的所有生物，都是由40亿年前的那个原始生命露卡演化而来的。就脊椎动物而言，则都是由5.3亿年前的第一条鱼——昆明鱼演化而来的。每个脊椎动物的出现都是进化的结果，是自然界食物链上不可或缺的一环。所以说，现在地球上的所有物种都有其存在的必要性。

食物链断裂，将会导致整个生态系统失衡。

所有现存物种都是自然选择的必然结果。就这一点来说，在自然界中，每一个物种都有其存在的价值和意义。植食性动物，如羚羊、斑马、兔子等的存在，为肉食性动物，如狮子、鬣狗、豺狼等提供了食物，如果没有植食性动物，肉食性动物就会饿死。而肉食性动物的存在，也是为了保持植食性动物的平衡，如果没有了肉食性动物，植食性动物就会不加节制地繁殖，最终导致草原等被过度啃食而消亡，这样整个食物链就会断裂，引起整

● 奔跑在青藏高原上的植食性动物藏羚羊，它们的天敌有狼、棕熊、雪豹、高山兀鹫等。20 世纪八九十年代，因为人类的大规模非法盗猎，藏羚羊数量锐减

个生态系统失衡。

由此可见，地球上任何一种或一类生物，都是食物链中的一环，如果一种生物灭绝，就会有其他生物替补，不然的话，整个食物链就会因断掉一环而失去平衡，甚至给整个生物界带来灾难，造成生物大灭绝事件。地球历史上发生过的生物大灭绝事件，几乎都是自然灾害或小行星撞击导致食物链断裂，引起生态系统失衡而造成的。因此，我们要保护每一种生物，保持生物的多样性，就是保护我们人类自己。

地球上存在中间物种吗？ 78

要回答这个问题，首先要明白什么是“中间物种”。中间物种，顾名思义，就是两个物种之间的物种，也可以称为“过渡物种”。从进化论的角度来看，生命本来就应该有一系列过渡类型，即中间物种。

中间物种既保留着原来物种的某些特征，又兼有新物种的某些特点。比如，始祖鸟既保留了祖先恐爪龙类的特征，即嘴里有牙齿、翅膀末端有指爪、有长长的尾椎骨、卵生、双重呼吸，又兼有现代鸟类的特点，即发育丰富的飞羽、能飞行、有4缸型心脏、体温恒定、有绝大多数鸟类具有的孵卵行为。

地球上已经灭绝的和现生的生物都源自40亿年前的原始生命——露卡。

不过，有亲缘关系的物种之间一定有中间物种吗？约400万年前，恐马分别演化出了欧洲野马（现生马的直接祖先）和非洲野驴（现生家驴的直接祖先）。在欧洲野马与非洲野驴之间，不存在中间物种。骡子是马和驴的杂交物种，而非中间物种。由此可见，不是任意两个物种之间都存在中间物种，亲缘关系最近的两个物种（同一属内的两个物种）之间，就不存在中间物种，

● 非洲野驴

● 欧洲野马

而亲缘关系较远的两个物种(超出纲或目的两个物种)之间，往往存在中间物种，例如游走鲸和龙王鲸是巴基斯坦古鲸与齿鲸（海豚）之间的中间物种。

要真正理解这个问题，还要从物种是如何形成的说起。

现代生物学认为,物种的形成必须经过数个阶段。一，基因突变使种群产生可遗传的基因变异。二，在自然选择作用下，种群发生适应性变异，具有优势的种群才能适应生存,并繁衍生息。三,由于环境等因素，不同种群物种性状的差异增大，出现少量基因突变，先形成亚种或变种，也就是一类中间物种，没有生殖隔离。四，出现大量基因突变，产生生殖隔离，形成新的物种。

因此，新物种的产生必须具备四个条件：地理隔离、基因突变、自然选择、生殖隔离。

所谓物种，是一个群体概念，是生物分类的最小单元，在这一个生物群体内，不存在生殖隔离，即同一物种可以交配，并可产生能再生殖的后代。不同物种之间无法产生可再生殖的后代，这方面最为典型的例子就是马与驴，虽然马与驴交配，可以生出骡子，但骡子不具有再生殖能力，所以，马与驴之间有生殖隔离，二者是马属下的不同物种。

物种是一个人为划分的单元，不具有严格意义上的客观标准。比如，古生物学家们对于始祖鸟的分类，就有不同的观点。传统观点认为，始祖鸟是最早的鸟，属鸟纲；现在有观点认为，始祖鸟是非鸟类恐龙，属恐爪龙类。关于物种的定义，有多种说法。从基因变异的角度看，很难有定量的标准，也没有严格的分界

● 家驴

● 骡子

线。比如，生活在2.05亿年前的摩尔根兽一说是哺乳形类，一说是哺乳类，因为它接近临界点，退一步是爬行类或哺乳形类，进一步则是哺乳类。

物种的演化既有连续性（没有生殖隔离），又有间断性（产生了生殖隔离），因为物种变化基于基因变异，而变异有多有少。少量的基因突变体现了物种进化的渐变性和连续性，只有发生大量基因突变时，才能在自然选择的作用下，产生新的物种，这就是间断性。所以说，物种的进化是从量变到质变的过程，是渐变与突变的统一。

物种的划分是建立在生殖隔离基础之上的，而物种之间的生殖隔离，是生物发生多次基因突变，并在自然选择作用下逐渐形成的。因此，新物种的产生少则需要几十万年，多则需要几百万年，甚至上千万年。在新物种产生之前，往往出现许许多多个中间物种，它们在原有物种的基础之上，由于基因突变，形成了不同的形态特征。但这些过渡物种，与原来的物种之间并不存在生殖隔离，它们交配仍可产生具有再生殖能力的后代，因此中间物种也被称为亚种或变种。比如，现代人由于地理因素的影响，基因突变分别形成了黑色人种、白色人种、黄色人种和棕色人种四个亚种（变种），但四个亚种之间的基因相似度超过99.5%，不存在生殖隔离，所以，四个人亚种之间仍然可以通婚，不断繁衍生息。

有时，中间物种基因积累的可遗传变异达到某个临界点，再变异一次就能产生新的物种。在自然界，处于临界点的物种往往是屈指可数的，初始全颌鱼、提塔利克鱼、游走鲸、始祖鸟、阿法南方古猿等，便是处于临界点的中间物种。对于处于临界点的物种，要确定其是不是新物种是十分困难的。在自然界，基因伴随物种的繁衍，一代代发生突变，在自然选择的作用下，物种只有经过几代、几十代，甚至成百上千代的演化，才会形成新的物种。

由此可知，中间物种并不是没有，或屈指可数，而是太多了，只是由于化石形成条件苛刻，许多中间物种没有形成化石罢了，而处于临界点的物种的化石更是少之又少，始祖鸟就是一个典型的例子。

进化论认为物种是可变的，而且所有物种都源自同一个祖先。比如，昆明鱼就是所有脊椎动物的祖先。在史前世界，中间物种数不胜数，就脊椎动物而言，从鱼类、两栖类，到爬行类、哺乳类等，都能找到中间物种，而且在史前时期，绝大多数生物都是中间物种，并占据绝对优势，只有处于临界点的中间物种比较罕见。此外，并不是所有物种之间都有中间物种。

所以说，不论是中间物种，还是其他物种，都有同一个祖先，一切生物都是不断进化的结果。

为什么现在生物进化这么慢？79

生物进化是基因突变的结果，基因突变是一把双刃剑，既可能产生新物种，也可能为生物带来灾难。在自然选择的作用下，有益于生物生存和繁衍的基因突变，才能保留并遗传下去，而不利于生物生存和繁衍的基因突变，将会毁灭。同时，基因突变又是渐变的，是一个十分缓慢的过程，除非在实验室内或在室外进行专门的观察，否

在环境变化和自然选择的驱使下，自然界时时刻刻都在发生着生物进化。

● 现代树袋熊

近几十年来，古生物学家们根据树袋熊（考拉）的化石材料，确认了18个已经灭绝的树袋熊物种，而这些化石同时表明，它们与现代树袋熊极为相似

则难以察觉。因此，现在的生物进化并没有比过去慢，只是难以被观察到。

实际上，在环境变化和自然选择的驱使下，自然界时时刻刻都在发生着生物进化。只不过，从1万年前开始，地球进入间冰期，气候变得温暖，没有再出现生物大灭绝事件，而且日常我们看到的生物，大多数是高大的植物和体形较大的动物，从外观层面很难观察到大而快速的变化，因此会有一种“生物进化变慢了”的错觉。

深海生物以什么为食？ 80

首先来说说什么是深海生物，以及它们有哪些特性。

深海生物是指生活在大洋带[1]以下的生物。深海区域终年漆黑，阳光不能透入，盐度高，压力大，水温低而恒定，那里没有植物生长（因为植物的生长依靠光合作用），动物种类稀少，数量也十分匮乏，其中大部分为以碎屑为食的动物，个别为肉食性动物。深海生物主要有棘皮动物（如海参、海胆、海百合、海星）、甲壳动物（如虾、蟹）、深海鱼类等。深海鱼类大多有共同的特征：嘴巴大，牙齿尖锐，视觉敏锐，触觉器官高度发达，身体柔软而有渗透性，色彩斑斓，常有发光器官或发光组织。这些都是深海鱼类为了适应深海环境，不断趋同进化的结果。

海洋动物的尸体，也是其他深海动物的食物来源之一。

现在再来说说深海生物以什么为食，也就是需要的能量来自哪里。

深海生物的食物来源，一是鲸、海狮、海豹、海狗等大型海洋哺乳动物或深海鱼类的尸体，以及其他

[1] 大洋带：指大陆棚之外的海域，深度超过200米。

● 棘皮动物海星

● 1977 年，美国“阿尔文”号深潜器在东太平洋洋中脊 2500 米水深的加拉帕戈斯裂谷，发现了数十个冒着黑色和白色烟雾的烟囱，有高温、轻质、富含硫的热液以每秒数米的速度从烟囱中喷出，与周围海水混合后，产生沉淀变为“黑烟”，沉淀物主要由磁黄铁矿、黄铁矿、闪锌矿和铜铁硫化物组成。这些海底硫化物堆积形成直立的柱状圆丘，被称为“黑烟囱”

肉食性动物吃剩下的动物碎屑，例如一头百吨以上的鲸死亡后，随着尸体的下沉，往往会不断被各种食腐的深海动物蚕食，最终沉到洋底时只剩一部分枯骨；二是生活在深海里的微生物，它们也会源源不断地为深海生物提供能量；三是海底黑烟囱喷涌出的富含能量的黑色热液，现代深海探测发现，黑烟囱附近往往高温、高压、高酸性和高毒性，那里生活着管状蠕虫。

管状蠕虫又名管蠕虫、管栖蠕虫，是一种大型动物，身长 1~2 米，直径为数厘米。管状蠕虫上端是一片红色的肉头，下端是一根直直的、白色的矿物质管子，看起来很像白茎红花的巨型花朵。科学家们估计，管状蠕虫个体可能活到250岁，是寿命最长的动物之一。管状蠕虫有性别，有心脏，但没有嘴和消化系统，其体内聚集着数以亿万计的共生菌。

管状蠕虫生活在高温高压的海底热液区，那里充满氢气和硫化氢。管状蠕虫的血液中有一种特殊的血红蛋白，它们能与硫化氢结合，然后将硫化氢运送至共生菌聚集的地方，这样既防止了有毒气体与酶结合，又避免了中毒。正是因为这些细菌的“供养”，管状蠕虫才得以生存。由此可见，生命是多么顽强，多么不可思议，即使在温度高、压力大、有毒性的无氧环境中，也有生命存在。这都是在环境的影响下，生物为了生存与繁衍，基因发生突变，在自然选择的驱使下发生的适应性改变。

● 生活在海底黑烟囱附近的管状蠕虫

81 夜晚的天空为什么是黑色的？

作为读者的你，也许会认为这个问题太简单了。到了夜晚，太阳照射不到背对太阳一面的地球，生活在那里的人们，在没有月亮的时候，看到的夜空当然是黑的。但这个问题其实并没有看上去那么简单。

你肯定知道，太阳不过是宇宙亿万颗恒星中的一员，就算太阳照射不到地球，也还有其他亿万颗恒星，它们也是发光发热的，而且多数发光发热的强度比太

● 人类肉眼看到的夜空是黑色的，即使有星星，也是星星悬挂在黑色的夜幕中

阳还要大。照此推理，天空应该会被其他亿万颗恒星照亮，可实际情况并非如此，这是为什么呢？

关于这个问题，1826 年，德国天文学家海因里希·奥伯斯指出，一个静止、均匀、无限的宇宙，其黑夜与白天应该是一样明亮的，但实际上，夜空却是黑的，这种理论同观测之间的矛盾被称为奥伯斯佯谬，又称夜黑佯谬。

● 德国天文学家海因里希·奥伯斯（1758—1840）

只要真正理解了夜黑佯谬，就知道了问题的答案。

首先须要明白的是，我们的宇宙是有限而无边的，宇宙从诞生的那一刻起就在膨胀，而且膨胀的速率越来越大，是光速的好几倍，因此，恒星发出的光，永远无法到达地球。

其次要明白的是，随着宇宙的膨胀，远离地球的恒星发出的光线会发生“红移”现象，即光的波长被拉长，而被拉长的光波就变成了“微波”，宇宙微波背景辐射就是由此而来的。微波既照亮不了天空，也不会被我们的肉眼所看到。

天文学家开普勒被认为是最早以科学方式提出此类问题的人。

因此，对于我们来说，夜晚的天空就变成黑的了。假如人眼能看到微波，那就意味着在我们眼中，晚上会和白天，都很明亮，就像用红外照相机观察夜晚的景物，会像白天一样明亮。

我们不妨这样理解，在一个有限的、静止的空间内，点亮一盏灯，空间会被照亮，但如果是突然到了一个十分空旷的田野里，相当于空间被快速地无限扩大，而且扩大的速率超过光速，那么同样是这盏灯，就无法照到急速扩张的地方，那里看上去就是黑的了。

82 什么是科学？

《现代汉语词典（第 7 版）》对“科学”一词的解释是：反映自然、社会、思维等的客观规律的分科的知识体系。简而言之，科学是关于自然、社会、思维等的知识体系。

科学，英文为“science”，词源为拉丁语“scientia”，意为“知识”“学问”。日本明治时期启蒙思想家福泽谕吉（一说西周）将“science”译为“科学”。19 世纪末，我国学者康有为引进并使用了“科学”一词。严复在翻译《天演论》等科学著作时，也使用了“科学”一词。此后，“科学”一词便在我国使用至今。

按研究对象不同，科学可分为自然科学、社会科学和思维科学，以及总括和贯穿于三个领域的哲学和数学。

对于“科学”一词，不同的地方、不同的国家都可能有不同的解释。虽然人们对“科学”有不一样的理解，但对科学所具备的三要素——科学目的、科学精神和科学方法的认识是一致的，科学目的是探寻自然科学、社会科学等方面的各种客观规律；科学精神是质疑、独立、唯一；科学方法是定量化、逻辑化、实证化。

那究竟什么是科学呢？

科学既能用定量化的手段或数学方法对已经观察的事实或实验结果做出正确的解释，又能对未来做出预测，而这种预测必须经过后来的实验所证实，或被观察所证明，才能被称为科学。比如，1916年爱因斯坦根据广义相对论预言了引力波的存在。引力波是两个黑洞相撞合并时产生的一种能量波，也被称为时空涟漪。爱因斯坦认为，引力波十分微弱，因此很难被人们检测到。2016年2月11日，当地时间上午10点30分，美国麻省理工学院、加州理工学院和美国国家科学基金会（NSF）联合宣布，人类首次直接探测到了引力波对时空的扰动，从而证明了爱因斯坦100年前的预言。13.4亿光年前，一个质量为36个太阳的黑洞与一个质量为29个太阳的黑洞相撞合并，形成一个质量为62个太阳的黑洞，其中有质量为3个太阳的物质转变成能量，以引力波的形式扩散出去，

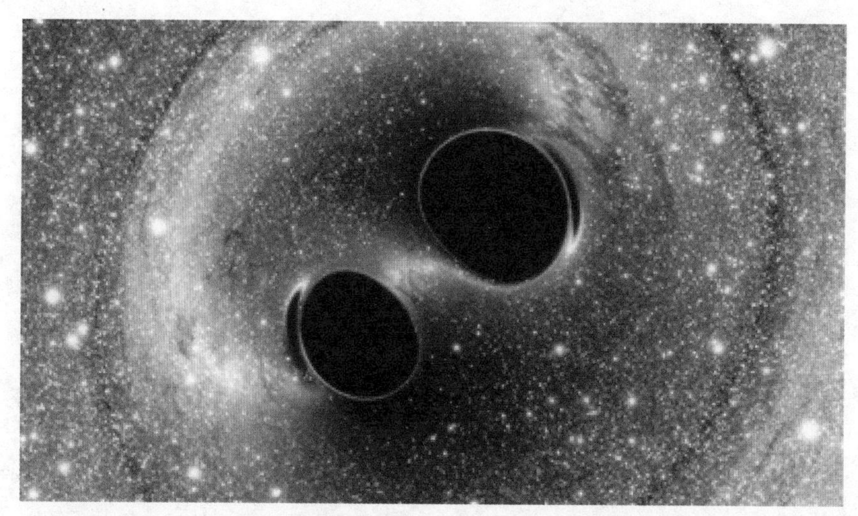

● 两个黑洞碰撞并合，产生引力波（模拟图，图片来源：美国加州理工学院 LIGO 网站）

并被今天的我们检测到。

这就是科学。任何一门科学，都是一个不断探索和进步的过程，也是一个不断被实验证实或被观察证明的过程。任何理论，只有经过实验证实，或者通过观察证明，才能被称为科学，否则就只是假说而已。比如，宇宙大爆炸模型和板块构造模型，在20世纪早期，因为还没有被实验证实或被观察证明，所以只能称其为假说。后来，这两个假说都被科学证实或证明了，都可以被称为“科学”了，且被包含在了20世纪的“四大科学模型”之中。

病毒是什么？ 83

关于病毒是不是生命，目前学术界仍有争议。说病毒是生命，是因为病毒能够进行自我复制，虽然必须依赖其他生物（宿主）；说病毒不是生命，是因为病毒没有细胞结构，也不能独立进行自我复制。因此，病毒的确切定义是没有细胞结构的微生物。而且，病毒同样可以演化、变异。

病毒不能独立存活，必须依赖宿主，并借助宿主的能量和材料进行自我复制。

病毒直径为 20~200 纳米，大多数是 100 纳米，约为细菌直径的 1/10。病毒内部是能进行复制的遗传物质（RNA 或 DNA），外部是蛋白质壳，犹如一层外衣，

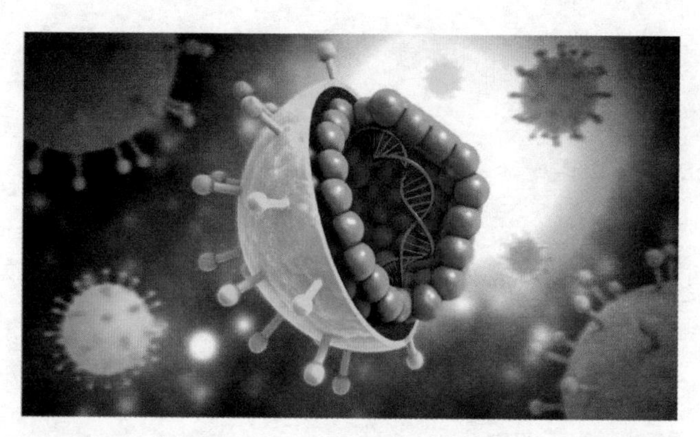

● 病毒的结构：红色部分是遗传物质，蓝色部分是衣壳，黄色部分是囊膜，囊膜上突出的部分是刺突

因此又称“衣壳”。

病毒与其他生物共用一套遗传密码，组成DNA或RNA遗传物质。DNA和RNA都由4个字母，即4个碱基构成，DNA是A、T、G、C 4个字母，RNA则是A、U、G、C 4个字母，其中每三个字母组成一个单词代码，遗传物质中的一个基因就是由一组单词代码组成的句子，即DNA片段或RNA片段。

病毒不能单独生活，必须依赖宿主。

病毒的传播途径主要包括血液传播、母婴垂直传播、呼吸系统传播、消化系统传播、接触（或性）传播、虫媒或动物传播等。

别看病毒小，它的危害却不小，人类历史上发生过的高度传染病，几乎都是由病毒引起的。仅在20世纪，天花病毒就致3亿人死亡，致死率高达30%。

对于已知病毒，目前人类主要采用注射疫苗的方式预防感染。对于刚刚发生传染的病毒，则要采取严格的防疫措施，找到传染源、切断传染途径，有针对性地开展预防和治疗。

植物也会被病毒侵害吗？ 84

病毒的结构和特性使其可以侵害一切有细胞结构的生命体，不管是细菌、真菌，还是动物、植物。虽然植物细胞有牢固的细胞壁包裹，但植物并非不易受病毒侵害。病毒入侵植物的方式主要有两种，一是通过植物细胞壁上的小伤口，或通过昆虫的口器或吸器侵入细胞；二是通过植物的天然外壁孔或植物细胞之间的胞间连丝侵入细胞。

无论动物还是植物，病毒侵入其细胞的普遍方式是让细胞将自己整个吞噬。

无论动物还是植物，病毒侵入其细胞的普遍方式是让细胞将自己整个吞噬。病毒的遗传物质被自身蛋白壳包裹，不易被破坏，在细胞内更容易找到合适的复制场所。

病毒对农作物的危害是很大的，其传播速度快、传播途径广，因此往往造成农作物大面积减产。

影响农作物生长的病毒主要有烟草花叶病毒、番茄斑萎病毒、中国番茄黄化曲叶病毒、黄瓜花叶病毒、马铃薯 Y 病毒、花椰菜花叶病毒、非洲木薯花叶病毒、李痘病毒、雀麦花叶病毒、马铃薯 X 病毒等。

● 停在叶子上的蚂蚁

病毒可通过昆虫的口器或吸器侵入植物细胞

85 人类的基因组中为什么含有大量病毒基因？

研究证明，人类的基因组中含有大量病毒基因，假如没有病毒，就不会有现在的人类。这一切都是由病毒的性质决定的。

病毒感染人类祖先的细胞，并利用细胞的能量和材料进行自我复制，也可以在自身逆转录酶的作用下，逆转录出双链 DNA，随后将这段双链 DNA 直接整合到人类细胞的基因中，构成原病毒，犹如穿上对方的衣服，混进对方队伍里，不被发现，并长期潜伏下来。此后，病毒基因随着人类细胞的复制而复制。如果逆转录病毒恰好进入人类的生殖细胞中，那么来自病毒基因的衍生物就会随人类繁衍遗传下来，并出现在人类的基因组中，科学家们称其为内源性逆转录病毒。“内源性”的意思是，它们是从生物内部产生出来的。科学家们也在其他动物身上发现了更多内源性逆转录病毒。事实上，这类病毒潜伏在几乎所有重要的脊椎动物类群里，从鱼类、两栖类、爬行类，到鸟类、哺乳类，其基因组中都能找到它们的痕迹。

病毒也在不断变异、进化。

为了便于理解，这里把内源性逆转录病毒称为“祖先病毒”，也就是说，这种病毒也是我们祖先的一部分，对于人类的生存、繁衍和进化有重要作用。大多数“祖先病毒”在几百万年的演化过程中，发生基因突变和重组，而不再具有转录表达的能力，它们成了死去很久的病毒的残余，但有极少数病毒仍可被唤醒。2006 年，法国科学家蒂里·海德曼等就发现了一种这样的病毒，并将其命名为“不死鸟”（Phoenix）。

根据研究，人类基因组中源自“祖先病毒”的基因，虽然大多数都没用，但并非都是垃圾基因，我们的祖先可以巧妙地利用一些对我们自身有好处的病毒。假如没有这些“祖先病毒”基因，可能就没有现在的人类。

“祖先病毒”整合到宿主基因组中之后，仍然可以复制自身的DNA，并重新插入宿主基因组。几百万年来，“祖先病毒”一直在反复不断地入侵我们的基因组，日积月累，到今天已达惊人数量。有分析数据表明，人类的基因组中有近 10 万个“祖先病毒”的 DNA 片段，即“祖先病毒”的基因，占人类 DNA 总量的 8%。

● 食蚁兽

1999 年，科学家们发现了一种名为 HERV-W 的“祖先病毒”，它能合成一种蛋白质（名为合胞素），有助于胚胎从母体血液中吸收营养和进行废物交换。后来，科学家们又在其他有胎盘类哺乳动物体内找到了好几种合胞素。研究证明，在生命的演化过程中，人类或有些物种，先后被两种“祖先病毒”感染，它们能够合成两种不同的蛋白质，后来旧的蛋白质逐渐被新的取代。

在人体内，还有一些更古老的病毒。英国病毒学家亚当·李等在人、食蚁兽和马的体内发现了一种更古老的病毒（名为 ERV-L），经过对比研究得知，这种病毒可能在 1 亿年前就感染了有胎盘类哺乳动物的祖先，且至今仍然保留在其子孙后代，如犰狳、大象、海牛、人等体内。

蒂里·海德曼根据已发现的多种合胞素蛋白，提出一种假说：1 亿多年前，有胎盘类哺乳动物的祖先，如中华侏罗兽或攀援始祖兽，被一种“祖先病毒”感染，从而获得了最早的合胞素蛋白，同时产生了最早的胎盘。几百万年来，有胎盘类哺乳动物演化出若干分支，在演化的过程中又被其他“祖先病毒”感染，有的新病毒也带有合胞素基因，而且编码的蛋白质性状更佳。这样，哺乳动物的不同分支，如啮齿动物、蝙蝠、牛、灵长类动物等体内的合胞素蛋白就得以更新换代了。

● 攀援始祖兽生态复原图

攀援始祖兽生活在 1.3 亿年前，比中华侏罗兽出现得略晚，也是最早的胎盘哺乳动物之一

86 人体的免疫反应是怎么回事？

要了解人体的免疫反应，首先就要知道什么是免疫系统。免疫系统是人体的防御系统，可以形象地将其比喻为“人体反导系统”，主要具有监视、识别和清除三项功能，而免疫反应就是免疫系统监视、识别和清除“异物”（抗原）的整个过程。

人体的免疫系统可以监视、识别和清除外来入侵异物，以及自身体内基因突变的肿瘤细胞、衰老死亡的细胞和其他有害成分。

机体的免疫功能包括免疫防御、免疫监视和免疫自身稳定。一旦有外来异物入侵人体，监视系统就会发出预警，随后识别系统对异物进行身份识别，如果是有益的异物，就不管它，如果是有害的异物（病原体），消除系统就会立即启动，向异物发起攻击，甚至将其消灭。人体被细菌或病毒感染时，引起炎症，体温升高，就是免疫系统的应急反应；白细胞增高，则是具有免疫功能的白细胞集体吞噬病原体引起的。

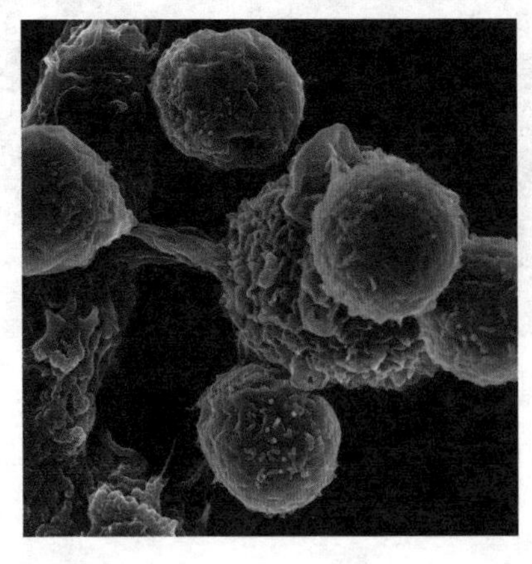

● 肿瘤细胞

人体的免疫反应又分为固有

免疫（非特异性免疫反应）和适应性免疫（特异性免疫反应）。固有免疫是先天固有的，是生物在几十亿年的进化过程中逐渐形成的，是人出生的时候就已经具备的，可以随时对付入侵身体的病原体（如细菌、病毒、支原体、螺旋体等），也是人体抵御病原体入侵的第一道防线，主要包括皮肤、黏膜系统等物理屏障系统，以及吞噬细胞、杀伤细胞、树突状细胞等固有免疫细胞。适应性免疫是后天获得的，获得方法如注射疫苗。适应性免疫有三个主要特点：特异性、耐受性和记忆性。固有免疫和适应性免疫相互配合，才能获得有效免疫。

免疫反应是一把双刃剑，有好的一面，也有坏的一面。好的一面是，免疫功能给机体带来免疫保护作用，防治病原体入侵，避免人体感染；坏的一面是，当免疫反应过于敏感时，常常会导致多种免疫疾病的发生，如类风湿性关节炎、全身性红斑狼疮、干燥综合征、系统性硬化、多发性肌炎、皮肌炎、强直性脊柱炎、银屑病、关节炎、痛风等。

科学家们正在研发通过免疫治疗对抗恶性肿瘤的方法。

过敏就是人体的免疫过度反应。现代人会过敏的原因是，我们的祖先晚期智人在走出非洲的途中，与尼安德特人发生了基因交流，尼安德特人把一组增强抗病毒、细菌、寄生虫免疫力的基因传递给了晚期智人，这组基因在生活环境极为恶劣的情况下能够有效对抗病原体，使晚期智人避免灭绝的危险，但在卫生条件大为改善的现代社会，这组基因反而招致了过敏等问题。现在许多人遗传或患有各种过敏症，如花粉过敏、螨虫过敏、海鲜过敏、牛奶过敏、鸡蛋过敏等，就是我们的祖先晚期智人遗传了尼安德特人的那组基因造成的。

87 人类真的有“第三只眼”吗？

人类确实有第三只眼睛，称松果体，位于丘脑后上部，为一红褐色的豆状小体，长5~8毫米，宽3~5毫米，重120~200毫克，因外形类似石松球果内的松子而得名。有趣的是，松果体也是我们大脑中唯一的“单一”部分，而不是拥有一左一右两部分。

松果体

● 松果体在人脑中的位置

科学研究表明，所有脊椎动物都曾有过第三只眼睛。随着生物的进化，第三只眼睛逐渐从颅骨外移到了脑内，成了“隐秘”的第三只眼。科学家们发现松果体的结构与功能类似眼睛，很可能是退化了的眼睛。

松果体具有和眼睛一样的视网膜细胞，因而能直接感知光线并做出反应，影响生物体的醒睡模式与季节周期，以及情绪。

松果体分泌的褪黑素影响人类的睡眠。

松果体的细胞能分泌一种激素，即5-羟色胺，也叫血清素，这种激素在特殊酶的作用下可转变为褪黑素。当强光照射时，褪黑素分泌减少；在暗光下，褪黑素分泌增加。人体内褪黑素过多时会心情压抑，所以日照偏少的北欧人更容易患抑郁症。

● 现生最原始的爬行动物——斑点楔齿蜥

斑点楔齿蜥的显著特点是具有第三眼睛，位于头颅的顶部，且第三眼睛可以水平运动

人体血浆中褪黑素的浓度在白天降低，在夜晚升高，影响人的生物钟，如女性的月经周期。居住在北极的因纽特人，冬天处在黑暗之中，缺乏光照，褪黑素分泌增加，因此妇女在冬天便停经了，而且，因纽特女子的初潮可延迟到 23 岁。

松果体分泌褪黑素的浓度还与人的年龄密切相关，人在 0~7 周岁时，分泌的褪黑素浓度会随着年龄的增加而升高，在 7 岁时达到高峰，而后，随着年龄增长，褪黑素的浓度逐渐下降。

褪黑素的浓度也影响人的睡眠时间，而且二者正相关。随着人年龄的增加，褪黑素浓度降低，睡眠时间就会减少。年轻人褪黑素浓度高，往往“睡不醒”，而老年人的松果体几乎停止分泌褪黑素，所以常常“睡不着”。

第七章
奇怪的脑洞

88 如果地球停止转动，是不是意味着时间停止、人类不老？

要回答这个问题，就要知道时间是如何产生的。距今 138.2 亿年前，宇宙发生大爆炸，由此产生了时间和空间。也就是说，在宇宙大爆炸之前，既没有时间，也没有空间。

1687 年，牛顿出版了《自然哲学的数学原理》一书。在牛顿模型里，时间和空间是相互分离的，时间被当作一根单独的线，时间本身被认为是永恒的。

● 剑桥大学三一学院内，自然哲学家、数学家和科学家艾萨克·牛顿的大理石雕像

1916 年，爱因斯坦发表了广义相对论。广义相对论简单来说就是时空弯曲理论，该理论认为，时间和空间合并形成所谓的时空，并把时空比作“橡皮膜”（如下页图中网状的膜），宇宙中的物质和能量的分布引起时空弯曲和畸变，犹如使这个橡皮膜发生弯曲，当这个橡皮膜要恢复平整时，就会引起时空涟漪，就像水中的波纹向外扩散，这种时空涟漪就是引力波。地球的质量使时空（橡皮膜）发生弯曲，月球和卫星因时空弯曲而围绕地球旋转，这就是用相对论解

释引力的理论。

● 卫星在地球的时空弯曲中做惯性运动

2017 年 10 月 3 日，诺贝尔物理学奖被授予雷纳·韦斯、巴里·巴里什和吉普·索恩三位美国物理学家，他们通过不断探索发现了引力波，证实了爱因斯坦 100 年前在广义相对论中做出的预测。他们检测到的引力波，就是两个黑洞相撞合并时造成时空弯曲，当这种时空弯曲恢复初态时，释放出一种能量而产生的波。

时间与空间既然是宇宙大爆炸产生的，同时又是一体而不可分割的，那么时间就不会受其他星体运动的控制。假如地球停止运动，那么时间也不会消失，而是照样在持续。

我们之所以能够感受到一年四季的更迭，以及昼夜的交替变化，是由于地球在围绕太阳公转的同时也在发生自转。不仅地球如此，宇宙中所有的星体，不论是行星还是恒星，都在发生公转与自转。比如太阳就是一颗恒星，它围绕银河系中心发生公转，公转速度约为每秒钟 250 千米，公转周期大约是 2.5 亿年；同时，太阳也在发生自转，而且太阳是气态星体，因此其不同位置的自转周期不同，赤道处的自转周期是 27 天 6 小时 36 分。在地球的不同地方，昼夜变化是不一样的，比如在北极地区，人们往往要过半年的黑夜、半年的白天，而其他地方的人多数是过 12 个小

假如地球停止运动，那么时间也不会消失，而是照样在持续。

● 地球自转，形成昼夜交替

时的黑夜和12个小时的白天。虽然昼夜的变化不同，但他们度过的时间是一样的。

那么时间会不会发生变化呢？回答是会的。根据爱因斯坦狭义相对论，当物体的运动速度接近光速时，时间就会变慢，物体的质量就会增大、体积就会缩小。当物体的运动速度达到光速时，时间就会停滞，物体的质量就会达到无穷大。我们可以把地球比作一座摩天轮，人类是摩天轮上的游客，当摩天轮转动时，人类感受到昼夜更替和四季轮回，当摩天轮停下来时，人类就感受不到昼夜与季节的变化了。但此时，时间仍然是存在的，并在不间断地前行。只有当你乘坐的物体以光速运动的时候，时间才会停滞或凝固，运动的物体与人体的体积会变得无限小，质量则变得无限大，犹如天文学上的那个奇点，这时，也就没有了时间和空间。

因此，地球停止转动，并不意味着时间消失，人类也不会长生不老。假如地球真的停止转动，既不公转，也不自转，那地球上也就没有了分明的四季，没有了昼夜的更替，朝向太阳的那面永远都是白天，而背对太阳的那面永远都是黑夜，届时，人类生活会有怎样的变化呢？你不妨发挥一下想象吧！

如果动物都没有听觉，世界上还会有声音吗？

89

世界上的声音，并不因为人类或其他动物有听觉而存在。声音是自然的产物，是振动产生的。动物之所以进化出听觉器官，是因为自然界有声音，声音促使动物进化出听觉器官，就像自然界有了光，动物才进化出眼睛；自然界有了气味，动物才进化出嗅觉器官；自然界有了氧气，细胞才进化出线粒体，动物才进化出呼吸器官。同样的还有，鱼生活在水里才进化出鱼鳍，两栖动物要到陆地上生活才进化出四肢，等等。

可以说，力才是宇宙万物的造物主。

动物的进化是对环境适应性改变、自然选择的结果。自然界的声音、颜色、光亮、气味，以及四种力，即引力、电磁力、强核力和弱核力，都是宇宙诞生后逐渐形成的，不会因动物的出现而产生，相反，动物才是因为这些自然现象的存在，而逐渐进化出适应环境的眼睛、耳朵、鼻子等器官和辨别颜色等能力的。

天体运行的规律，万物之间的平衡，乃至宇宙本身，都因引力、电磁力、强核力、弱核力这四种力的存在而存在，假如没有这四种力，宇宙就不会存在，万物也不会出现。

● 丛林狼的耳朵

● 大猩猩的耳朵

90 如果恐龙没有灭绝，人类还能称霸地球吗？

事物的发展是偶然性与必然性的统一。

2 亿年前发生的三叠纪末期生物大灭绝事件拉开了恐龙大繁盛的序幕。虽然哺乳动物早在 2.05 亿年前就已经出现，但在强大的恐龙的威慑下，它们并没有壮大起来。即使到了 8350 万 ~6600 万年前的白垩纪后期，地球上仍然生活着许多恐龙，植食性恐龙中著名的有包头龙、甲龙、卡戎龙、山东龙、青岛龙等，肉食性恐龙中有特暴龙、暴龙、惧龙等。由此可见，恐龙家族仍然十分庞大，是当时地球上的霸主。我们的祖先哺乳动物却十分弱小，物种数量匮乏，个体娇小，大多数体长只有几厘米到几十厘米（很少超过 1 米），体重只有几克到几百克。它们“寄人篱下”，生活十分艰难，大多昼伏夜出，白天躲在洞穴里，晚上才偷偷摸摸出来觅食，吃些肉食性恐龙的残羹剩饭。不过，洞穴里的生活使我们的祖先进化出了灵敏的听觉系统。

哺乳动物早在 2.05 亿年前就已经出现，但在强大的恐龙的威慑下，它们并没有壮大起来。

6600 万年前，发生了著名的白垩纪末期生物大灭绝事件，恐龙永远地消失，结束了其在地球上近 1.7

● 第五次生物大灭绝事件后，恐龙等大型爬行动物占据了统治地位，弱小的哺乳动物过着“寄人篱下”的生活

● 摩尔根兽复原图

摩尔根兽生活在 2.05 亿年前，是目前发现的最早的哺乳动物之一，其体形十分娇小，犹如小型老鼠

亿年的统治。从此，地球上迎来了哺乳动物的爆发式发展，开启了哺乳动物大繁盛的时代。这也再次证明了一个自然规律：每一次生物大灭绝事件之后，生物的种类和数量急剧减少，造成生态缺位，同时，会有大量其他物种涌入或新的物种出现，甚至呈现爆发式增长，迅速弥补生态缺位。白垩纪末期生物大灭绝事件之后，就有普尔加托里猴、尤因它兽、原始象、始祖马、雷兽、古偶蹄兽等生活在陆地上的哺乳动物，以及一些生活在水里的哺乳动物蓬勃发展，并迅速崛起，成为地球上新的统治者。在中国湖北省荆州市，发现了最早的灵长类之一阿喀琉斯基猴的化石。阿喀琉斯基猴生活在5500万年前，也许是所有灵长类动物的祖先。

由此可见，假如没有出现小行星撞击地球事件，恐龙没有灭绝，哺乳动物就不会出现爆发式发展，灵长类就不会出现，人类也许就不会诞生，更不会称霸地球了。

● 两只恐龙在草地上奔跑（想象图）

91 如果尼安德特人小孩被现代人养大，他能学会我们的语言吗？

在说出我的看法之前，先追溯一下尼安德特人的祖先吧。

尼安德特人与晚期智人的祖先都是海德堡人。晚期智人的祖先是非洲海德堡人，而尼安德特人的祖先是迁徙到欧洲的海德堡人。由于地理隔离，尼安德特人与晚期智人产生了生殖隔离，也就是说，他们成了两个不同的物种，但是，因为产生生殖隔离的时间不长，所以隔离得并不是十分彻底。美国遗传学家费尔南多·门德兹等通过对5万年前的尼安德特人标本进行研究发现，尼安德特人男性Y染色体的基因中出现了4个基因突变，从而导致尼安德特人的Y染色体与智人杂交时无法传播，产生不育，其中一个*KDM5D*基因突变会使孕妇产生免疫反应，造成男性胎儿流产，但女性胎儿可以存活下来。

关于尼安德特人的语言沟通能力，目前仍存在较大争议。

据古人类学研究，海德堡人是由匠人在100万年前进化而来的，可以说，这时候的海德堡人是尼安德特人与晚期智人的共同祖先。海德堡人身材高大魁梧，身高约 180 厘米，脑容量已达 1100~1400 毫升，他们学会了用火，将捕获的猎物和采挖的植物根茎烤着吃，他们还学会了制作较精致的石器，有了简单的语言。据此推测，尼安德特人应该也有语言，能够进行简单的交流。后来科学家们对尼安德特人舌骨的研究也证明了这一点。尼安德特人具有与智人相似的舌骨。因为说话需要舌头，而舌头须要有舌骨支撑，所以如果要开口说话，舌骨必不可少。除人类以外，其他灵长类动物均没有这种语言结构。

● 尼安德特人复原图

此外，古 DNA 技术研究也证明，尼安德特人具有的语言基因 *FOXP*2 与智人一样，这充分说明尼安德特人也具备了语言能力。

● 想象中生活在现代的尼安德特人

关于尼安德特人的听力和语言能力，有学者认为，他们与智人相差无几。但关于尼安德特人的语言沟通能力，目前仍存在较大争议。我暂认为，尼安德特人的语言沟通能力和团队作战能力远不如我们现代人的祖先晚期智人。

鉴于上述介绍，如果把尼安德特人的小孩放在我们现代人中养大，他们的语言能力会有很大进步，但仍然达不到我们现代人的水平。不过，这一点还有待进一步研究。

92 如果地球上有和人类非同一物种，但有同等智慧的种族，会怎么样？

如果地球上有和人类非同一物种的高智商族群，会怎么样？有两种可能的情形，一种是二者势不两立，直到一方战胜另一方，甚至将其消灭，最终只有一方生存与繁衍；另一种是二者势均力敌，虽然为了争夺食物和争抢地盘，经常发生争斗或战争，但二者力量达到了平衡，也就是谁也无法消灭谁，只好在争斗中相处。

动物的本能是生存与繁衍，因此会争夺食物与地盘。

之所以会有上述两种可能的情形，归根结底，是由动物的本能决定的。动物的本能是生存与繁衍，因此会争夺食物与地盘。高等灵长类动物，如大猩猩、黑猩猩等，都有杀死同类、攻击邻里的特征。

现在再来说说上述两种情形的具体情况。

第一种情形，二者势不两立，最终一方战胜另一方。这种情况在人类历史上曾发生过。根据人类学研究，30 万 ~3 万年前，在非洲、欧洲和亚洲，就曾生活着两类或不属于同一个物种的人类，一类是早期智人，包括出现于 60 万年前的尼安德特人和出现于 50

万年前的丹尼索瓦人，他们都是欧洲海德堡人的后裔，脑容量最大可达 1750 毫升，有语言能力，会制作工具，但体形矮小，身高一般只有 165 厘米左右。另一类是出现于 30 万年前的晚期智人，他们是非洲海德堡人的后裔，脑容量可达 1600 毫升，具有更为发达的语言能力，团队合作能力较强，身材修长，跑动较快，能够制作更加精致的工具。约 16 万 ~3 万年前，晚期智人与尼安德特人、丹尼索瓦人生活在大致相同的地域，因此他们常常为了食物和地盘发生打斗，甚至战争。晚期智人与尼安德特人、丹尼索瓦人发生打斗或战争的次数，已经无法统计，不过大约在 7 万年前，晚期智人最终战胜了尼安德特人和丹尼索瓦人，走出非洲，来到了亚洲、大洋洲和欧洲，并最终迁徙到北美洲和南美洲。至此，晚期智人已遍布世界五大洲。大约在 3 万年前，尼安德特人和丹尼索瓦人灭绝。

● 一个 5~7 岁丹尼索瓦人小女孩的复原图

第二种情形，二者势均力敌，只好在斗争中相处。两个族群力量相差无几，虽然常常发生争斗，但谁也无法消灭谁，只好生活在同一地区，就如同生活在刚果河北岸的大猩猩与黑猩猩，它们二者为了争夺食物与地盘，打斗不断，但仍然生活在同一地区。即使身为同一物种的晚期智人，在历史上，不同种族、不同部落或不同国家之间，也曾发生过无数争斗或战争。

● 人类的历史中也充斥着争斗或战争。图为展现 19 世纪初发生在法国与奥地利帝国之间的马伦哥战役的绘画

如果地球被小行星撞击，现有生命全部灭绝，生命还会再次从单细胞动物进化出人吗？

93

这个问题可以简单而直白地回答，现有生命灭绝之后，生命不会再从单细胞动物进化出人，原因有三。

一，4.44 亿 ~6600 万年前，地球上共发生了五次生物大灭绝事件，但每一次生物大灭绝事件都没有造成全部生命灭绝，反而导致新物种呈爆发式发展。比如 6600 万年前的白垩纪末期生物大灭绝事件，导致天上的翼龙、海里的蛇颈龙和沧龙、陆地上的恐龙，以及古鸟类全部灭绝，但却为现代鸟类和哺乳动物的爆炸式多样化蓬勃发展创造了机遇。

进化的轨迹无法预测，进化的方向也无法指明。

二，生命 40 亿年进化的总体趋势，是由最初的原核生物进化出真核生物，由单细胞真核生物进化出多细胞真核生物，由无脊椎动物进化出脊椎动物，由变温动物进化出恒温动物，由鱼鳍进化出四足，由光滑的皮肤进化出长毛的皮肤，由生活在水里到生活在地上和空中。

● 肉鳍鱼主要生活在4.2亿～3.6亿年前。这是现在生活在深海里的肉鳍鱼“活化石”，叫腔棘鱼，长有四足的雏形

● 地球上最早的生命形式——细菌

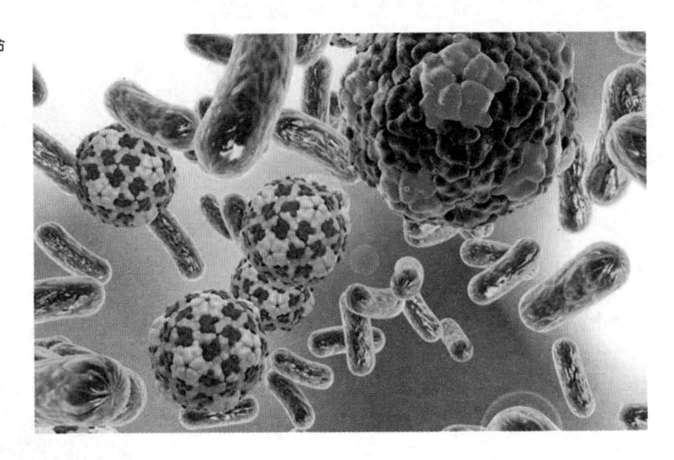

三，根据分子生物学和遗传学研究，生物的进化是在自然选择的作用下，基因发生适应性突变的过程，而基因突变是随机的，没有方向性和目的性，因此，生物的进化并不总是由低级到高级、由简单到复杂。生物进化是自然选择下的适应，从鱼类到两栖类、爬行类，再到哺乳类（包括我们人类），这个过程是偶然的，更无规律可言。

假如生命再次从单细胞动物开始进化，最终不一定会出现人类，也不一定会出现曾在地球上生活过的

其他生物，如恐龙。

总之，生命的进化充满了不确定性，进化的轨迹无法预测，进化的方向也无法指明。假如生命再次从单细胞生物开始进化，会进化出什么呢？恐怕我们谁也无法知道了。

94 如果外星球上有氧气，是否预示着有生命存在呢？

水是生命之母，氢是生命之父。

我们常说，“水是生命之母，氢是生命之父”，也就是说，生命的产生需要水的孕育，以及氢的催化作用。由此可见，氧气的存在不一定是生命存在的可靠征兆。

有证据证明，在 40 亿年前，地球上诞生了最早的生命，即最后的共同祖先露卡。那个时候，大气中还没有氧气，大气的主要成分是水蒸气、二氧化碳、甲烷、二氧化硫、硫化氢和氨气。可以说，最早的生命是在无氧环境中形成的，对那时的生命而言，氧气反而是有害的。

直到 35 亿年前，第一个有遗迹的生物——蓝藻形成后，开始进行光合作用，地球上才有了氧气。24 亿 ~21 亿年前，地球上发生了第一次大氧化事件，大气的氧含量骤然上升到 1%。大氧化事件使原核细胞捕获好氧细菌和蓝藻，进化出真核细胞，生命才可以有效地利用氧气。

现在，在大洋底部的黑烟囱附近，在高温、高压、高酸性的环境中，仍然生活着大量生物，如管状蠕虫，

● 生命诞生所必需的条件——水

它们依靠进食硫化物维持生命。所以说，生命的产生、生存与繁衍，不一定需要氧气，但水和氢是必需的，水可以使生命免受阳光中紫外线的伤害，氢有利于生命的加速形成。

关于究竟什么是生命，我们在前面已经论述过，简单来说，能够进行自我复制的就是生命，比如最初的生命露卡，就是一种能够自我复制的有机大分子体系。从露卡开始，逐渐进化出原核细胞，即原核生物，原核细胞又进化出真核细胞，形成真核生物。现在的地球上，我们肉眼看得见的生物绝大多数都是真核生物，如动物、植物、真菌。

在真核生物中，只有动物呼吸需要氧气，因此，没有氧气，就没有动物，但并不会没有其他生命，比如植物就不需要氧气。由此可见，如果一个星球上有氧气，并不意味着一定有生命存在。

95 真的有外星人吗？

关于外星人是否存在的问题，有一个著名的悖论，即费米悖论。什么是费米悖论呢？

费米悖论阐述的是对地外文明存在性的过高估计和缺少相关证据之间的矛盾。1950 年的一天，美国物理学家、诺贝尔物理学奖获得者恩利克·费米在与别人讨论外星人问题时，突然说出一句：“他们都在哪儿呢？”由这句十分简单的话引出的科学论题，就是著名的“费米悖论”。

费米悖论隐含的意思是，从理论上来说，现在的人类能利用先进的技术，用 100 万年的时间飞往银河系各个星球，那么，外星人只要比人类早出现 100 万年，现在就应该已经来到地球了。换言之，费米悖论表明了这样的悖论：一，外星人是存在的——根据科学推论可知，外星人的进化要远早于人类，他们应该已经来到地球并存在于某处了；二，外星人是不存在的——迄今，人类并未发现任何有关外星人存在的蛛丝马迹。

● 人类想象的外星人形象

● 在影视剧中，我们会想象外星人从一个圆盘状的飞船上下来

在费米之后，又过去了几十年，人们仍在苦苦探寻，但仍未发现关于外星人存在的确凿证据。外星人就像某种超自然的力量，或神明一样，人们无法证明其存在，同样也无法证明其不存在。

那么宇宙中究竟有没有外星人呢？只能说现在我们还没发现。也许在很久以后的将来，人类乘坐某种高级飞行器，飞到宇宙中的某个行星，在那里居住下来，生存繁衍，不断演化，千百万年后，他们的子孙后代回到地球，那么对那时的地球人来说，他们或许就是外星人吧。

PART 5

后来

第八章

来吧，未来！

96 未来人类可能面临哪些重大灾难？

根据科学研究，人类在未来将面临三大自然灾难：全球变暖、小行星撞击、病毒传播。

全球变暖

造成全球变暖的主要原因，一是大气中二氧化碳含量的升高，二是臭氧的变化，其中后者又分为两种情况，一种是平流层中臭氧层遭到破坏，甚至出现臭氧洞；一种是对流层臭氧浓度升高。

导致大气中二氧化碳含量升高的主要原因，首先是人类过度使用化石燃料（煤、石油、天然气等）；其次是火山爆发排出大量火山气体（二氧化碳、硫化氢等）。

在臭氧的变化方面，人类利用制冷剂（氟利昂等）

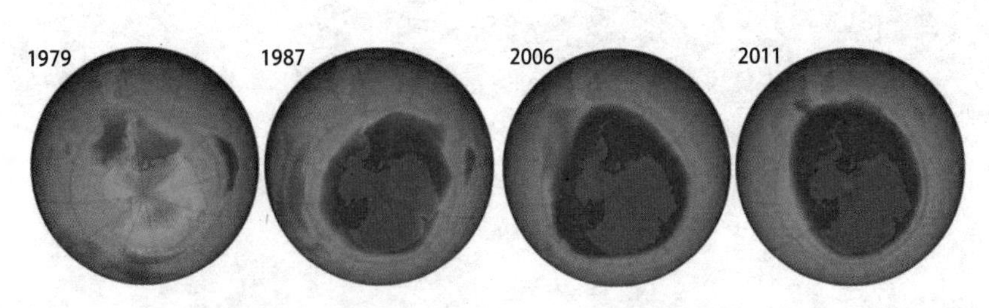

● 1979~2011 年臭氧洞的增大趋势

制冷是臭氧洞出现的主要原因，当臭氧层被破坏后，紫外线就会过多照射到地面，使排放到大气中的汽车尾气重新化合成二氧化氮、臭氧等，造成二次污染，促使气温升高。

全球变暖会造成以下五方面的严重问题。

一，全球变暖会造成全球水资源分配严重不均，有的地方因过度降水而发生洪涝，给农业生产和人民的生命财产造成危害；有的地方因高温、干旱而严重缺水，影响农业灌溉，甚至连人类和动物的饮水都变得匮乏。

二，全球变暖会引起极端天气事件，如厄尔尼诺现象❶和拉尼娜现象❷，以及干旱、洪涝、雷暴、冰雹、风暴、高温、沙尘暴、海啸等严重的自然灾害。

三，全球变暖导致冰川融化，海平面升高（全球平均气温每升高 1 摄氏度，海平面上升约 2.3 米），海平面扩展，蒸发量增加，造成过度降水和洪涝灾害。这些变化会给许多岛国，如马尔代夫、瑙鲁、图瓦卢等带来灭顶之灾。

自然界发生的事情总是出其不意，人类难以预料。

四，全球变暖会诱发地球生态系统发生变化，一些物种会灭绝，如海洋中的珊瑚虫死亡，造成珊瑚礁白化，从而给依赖珊瑚礁生活的海洋生物带来灾难。

五，全球变暖会给人类的主要生产带来破坏性的

---

❶ 厄尔尼诺现象：位于近赤道东太平洋秘鲁沿岸洋流冷水域的水温异常升高的现象。

❷ 拉尼娜现象：一种和厄尔尼诺相反的现象，即赤道太平洋东部和中部海域水温异常下降的现象。

影响，其中对农业、林业、牧业、渔业等的影响最为显著。

根据美国国家航空航天局（NASA）的统计数据，2022年夏季，热浪袭击全球，在欧洲、北非、亚洲等地，许多地区出现了40摄氏度以上的高温，打破了多项纪录，同时也引发了许多自然灾害，如葡萄牙、西班牙和法国部分地区因高温而大火肆虐，其中葡萄牙气温高达45摄氏度，3000多万平方米的土地上发生大火；我国上海也出现了40.9摄氏度的酷暑极值，与150年来的最高温纪录持平。

小行星撞击地球

自4.44亿年前以来，地球上共发生过五次生物大灭绝事件，它们在不同程度上都与小行星撞击地球导致火山大规模喷发有关。这几次大灭绝事件之间，时间间隔最长的约有1.26亿年，最短的只有约5000万年。现在的我们与最近一次小行星撞击地球，已经过去了6600万年。可以说，在未来约7000万年内，我们赖以生存的地球，

● 小行星正在撞击地球（想象图）

很可能再次遭受小行星撞击。虽然人类的技术可以预测撞击地球的小行星的大小和撞击的具体时间，甚至可以摧毁这颗小行星或改变其运行轨迹，但总会有小行星躲过人类的预测，以难以置信的速度撞向地球，给地球带来毁灭性打击。这绝不是危言耸听，而是很有可能会发生的事。因为自然界发生的事情总是出其不意，人类难以预料。

不过，这毕竟是几千万年之后的事情了，我们现在还不必杞人忧天，惶惶不可终日。而且，按照目前人类科技发展的速度，也许很快我们就能想出更好的破解之策了。

病毒传染

病毒极其微小，大小甚至不到细菌的千分之一，用显微镜都无法观察到。病毒不具细胞结构，必须借助活的细胞（宿主）才能够存活、复制和传播。许多病毒致病性强、感染率高、传播速度快、传播途径多、传播范围广、死亡率高，对人类的危害也是巨大的。天花、疟疾、鼠疫、西班牙流感、霍乱等人类历史上曾大规模爆发过的传染病，还有埃博拉、艾滋病、中东呼吸综合征、非典型性肺炎等，都是由病毒引起的。这些病毒给人类带来了灾难性的影响，其中最厉害的非天花病毒莫属。据联合国统计，仅在20世纪，天花病毒就导致3亿人死亡，平均每年致死300万人。

虽然现在针对许多病毒，人们都已经研制出了疫苗，但是对某些已知病毒，以及那些未知病毒，人类仍无能为力。而且，病毒由于其特性，极容易变异，也许有朝一日，某种不知名的超级病毒会经过变异，从其他动物身上传播到人的身上，这可能比全球变暖、小行星撞击来得更早。我们要时刻保持警惕，最好将病毒消灭在萌芽状态，避免其大规模传播。

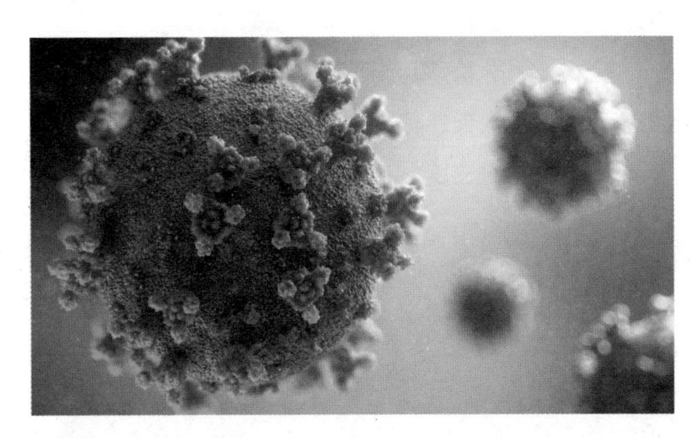

● 病毒

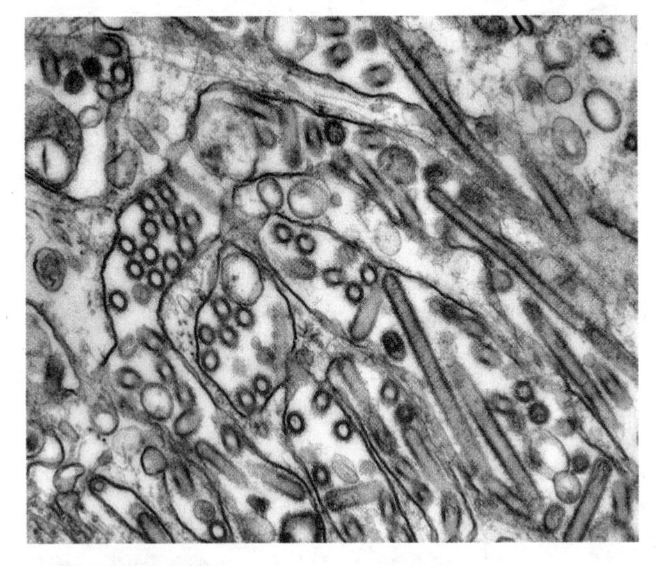

● H5N1 型禽流感病毒

未来还会有冰期来临吗？ 97

自 1.1 万年前开始，地球就进入了间冰期，全球气候较温暖，导致末次冰期的冰盖消退，仅在南极大陆与格陵兰有冰盖覆盖，约占陆地总面积的 10%。亚洲、欧洲、美洲、非洲和大洋洲的陆地上都没有冰盖。自 1850 年以来，全球变暖，加剧了冰川消融，现在的海平面比冰期时高了 120 米。

每 4 万年，地球就会发生周期性的冷暖变化。

1930 年，塞尔维亚地球物理学家和天文学家米卢廷·米兰科维奇根据地球轨道不规则变化与冰期之间的关系，提出了米兰科维奇循环理

● 南极冰盖

论。1970年，深海钻孔取样分析表明，过去数十万年的气候波动非常接近米兰科维奇的计算结果，即每4万年，地球就会发生周期性的冷暖变化。由此可以推断，在最多不到3万年的时间内，甚至可能在一两万年之内，现在的间冰期就会结束，地球重新进入冰期，气温再次降低，七大洲被冰盖覆盖，海平面下降100多米。

● 米兰科维奇提出了两个对地球科学有重要贡献的理论，一个是关于地球日照的理论，该理论特别指出了太阳系各行星的气候特征；另一个是地球气候变迁与地球和太阳相对位置变化之间关系的理论，该理论解释了过去地球冰期的发生时间，并可预测地球未来气候变化

未来会有超级大陆形成吗？ 98

终极盘古大陆，又名超级盘古大陆，是美国得克萨斯州大学阿灵顿分校教授克里斯多福·史考提斯提出的一个可能在未来形成的超大陆，其形状类似盘古大陆，并因此而得名。依照超大陆的合并和分解周期，终极盘古大陆可能会在 2.5 亿年之后形成。

根据终极盘古大陆理论，随着地幔对流的加强和板块运动的加速，大约 5000 万年后，北美大陆将向西漂移，而亚欧大陆将向东偏南漂移，不列颠群岛将向北极靠拢，而西伯利亚将向南漂移到亚热带地区。非洲大陆与欧洲大陆和阿拉伯半岛相撞，地中海和红海将完全消失。新形成的地中海山脉从伊比利亚半岛向南部欧洲延伸，并经过中东进入亚洲，其海拔可能高于现在的珠穆朗玛峰。同时，大洋洲和东南亚相撞，新形成的隐没带环绕大洋洲沿岸，并延伸到中印度洋，而美国南加利福尼亚州和墨西哥下加利福尼亚半岛将与阿拉斯加相撞，形成新的山脉。

● 地球上现在的最高峰珠穆朗玛峰

约 1.5 亿年后，大西洋将停止扩

张，并因洋中脊进入隐没带而开始缩小，南美洲和非洲之间的洋中脊会先隐没。印度洋也因海底在中印度洋海沟隐没而缩小。北美洲和南美洲将向东南推移。非洲南部将穿过赤道到达北半球。大洋洲将与南极洲相撞并到达南极点。

随着大西洋的洋中脊最终进入美洲沿岸的隐没带，大西洋将快速闭合，加速终极盘古大陆的形成。

终极盘古大陆可能会在2.5亿年之后形成。

2.5 亿年后，大西洋和印度洋会消失，北美洲与非洲相撞，但位置会偏南。南美洲预计将与非洲南端重叠，巴塔哥尼亚将和印度尼西亚接触，环绕着印度洋的残余（称为印度 - 大西洋）。南极洲将重新到达南极点。太平洋将扩大并占据地球表面的一半，终极盘古大陆最终形成。

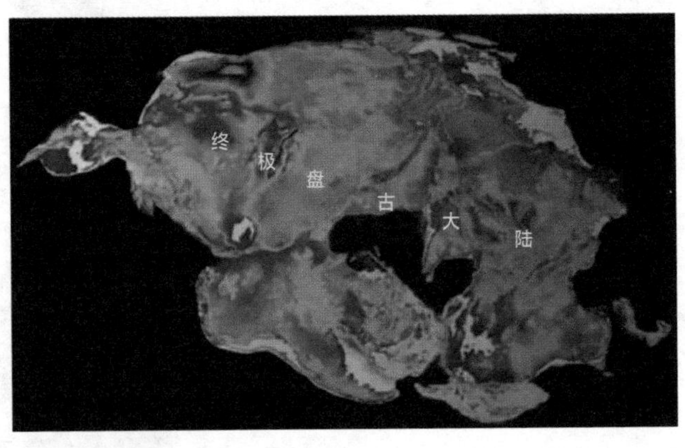

● 将于 2.5 亿年后形成的终极盘古大陆

未来会再次发生生物大灭绝事件吗？ 99

每次超大陆的形成和分解，都会对地球的地貌形态、洋流运动、气候变化以及生物多样性产生巨大影响，甚至启动又一次生物大灭绝和生物大进化事件。

按照月球现在每年远离地球约 3.8 厘米的速度推测，2.5 亿年后，月球会远离地球约 9500 千米，届时，地球的自转速度会变慢，地球上的一天会变长，大约比现在长 30 分钟，即一天有 24.5 小时；随着太阳核聚变更加剧烈，太阳会变得越来越明亮，地球接受的太阳辐射会增加，地球的气候也会受到极大影响。

2.5 亿年后，终极盘古大陆的大部分将聚集在北半球，并以北极圈为中心。地球的气温会变得非常低，在终极盘古大陆的高纬度和高海拔地区，会覆盖大片积雪，还有一望无垠的永久冻土。冰雪的反照率增强，将大量阳光反射回太空，更加大了冰川的覆盖面积。

2.5 亿年后，地球上的一天会变得比现在长，大约有 24.5 小时。

终极盘古大陆阻碍了洋流运动，来自低纬度地区和夏季南半球的热量无法传送到终极盘古大陆上，导致严寒气候的持续时间延长至少 1 亿年。

洋流运动受阻，大气环流也无法将水汽送入终极盘古大陆深处。因此，终极盘古大陆腹地会形成严重的干旱性气候，出现大面积荒漠或沙漠，再加上气候严寒，大量生物会遭受灭顶之灾，地球又将迎来一次生物大灭绝事件。

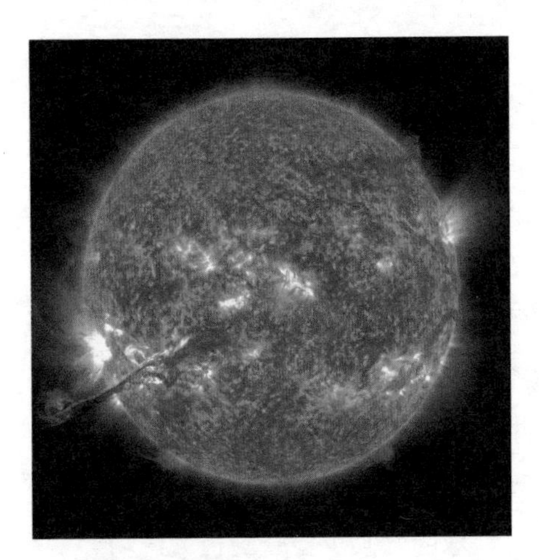

● 太阳爆发日冕物质抛射

● 地球上的荒漠

如果地球被毁灭或不再适合生存，人类的出路将在哪里？ 100

根据对太空的观察，地球是目前唯一已知有生命的星球。地球上有液态水、氧气和动植物，而人类生存正需要水、氧气和食物，其中水又是最重要的，地球上有了水才有了生命。最初的生命就诞生在水里，如果没有水的庇护，生命不会出现，更不会繁衍至今。

假如地球被毁灭或不再适合人类生存，人类可以选择飞往其他星球居住，并利用已掌握的科学技术，制造出人类生存所需要的物质。

其实科学家们很早就开始在茫茫宇宙中寻找地外生命或更适合人类居住的星球了。不过，目前地球仍是已知人类最宜居的星球。所谓“宜居星球”，科学家们给出的定义是，在距离恒星合适的范围内围绕恒星运行的行星，其表面可能存在液态水，气候条件恰到好处，不太热也不太冷，适合生命生存。

● 人类赖以生存的地球，其实更应该叫“水球”

科学家们通过对地球特征的研

究来判断其他星球的宜居性，并推断出，除地球外，宇宙中可能还有一些星球可以提供适合生命出现和进化的条件。这样的星球被称为“超级宜居行星”，它们甚至比地球条件更好，更适合人类居住。

与地球相比，超级宜居行星具有以下特征：寿命比地球更长，体积比地球稍大，温度比地球略高；气候更为湿润，有能像太阳一样提供稳定光照和热量的恒星，运行更为稳定。

根据以上标准，天文学家们在宇宙中找到 4500 颗符合条件的行星，其中有 24 颗是最佳候选行星。下表中列出了其中 7 颗候选行星的相关参数。

一些较好的“可居住”行星候选

名称	行星时代	半径与地球比较	温度	与地球的距离
KOI-5819.01	43 亿年	1.16 倍	27.2 摄氏度	2700 光年
KOI-5554.01	65 亿年	1.29 倍	26.1 摄氏度	701 光年
KOI-456.04	70 亿年	1.77 倍	14.4 摄氏度	3140 光年
KOI-5715.01	55 亿年	1.8 倍	11.7 摄氏度	2964 光年
KOI-5135.01	59 亿年	1.85 倍	31.1 摄氏度	4244 光年
KOI-2162.01	75 亿年	1.59 倍	127.8 摄氏度	3144 光年
KOI-172.02	70 亿年	1.48 倍	82.8 摄氏度	2433 光年

科学家们认为这些超级宜居行星最好还具备如下特征：

一，寿命比地球长，可达 50 亿 ~80 亿年；二，围绕着一颗 K 级恒星运行，这颗 K 级恒星的寿命要长于太阳，达 200 亿 ~300 亿年，能够支撑生命更长时间的进化；三，比地球表面温度高约 3 摄氏度，近似地球上的热带地区，那里气候潮湿、雨量充沛、植物茂盛，非常适合生物的生存繁衍；四，大气中的氧含量与地球相差不大，为 25%~30%；五，有一颗卫星，质量大约是行星的 1%~10%，与卫星距离适中，在行星半径的 10~100 倍之间；六，体积比地球大 10%，质量是地球的 1.5 倍，更大的体积能为生命提供更多的生存空间和资源，更大的质量则能让行星有更多的大气。

在目前人类可以探测到的宇宙中，地球是唯一已知有生命的星球。

虽然在目前发现的超级宜居行星中，没有一颗能够完全满足上述条件，但每一颗在这些指标上的总体评分都要高于地球，即比地球的各项条件要好许多，比地球更适宜生命的生存和进化。但遗憾的是，这些行星距离地球都超过 100 光年，就目前的科学技术而言，飞往这些行星是无法实现的，但它们的发现有助于我们寻找外星生命。

既然我们无法飞往遥远的超级宜居行星，那就只好在太阳系内部寻找适宜人类居住的星球了。经过对比太阳系内各星球的地质环境和适合人类居住的条件，科学家们找到了比较适合人类居住的星球——木卫四。

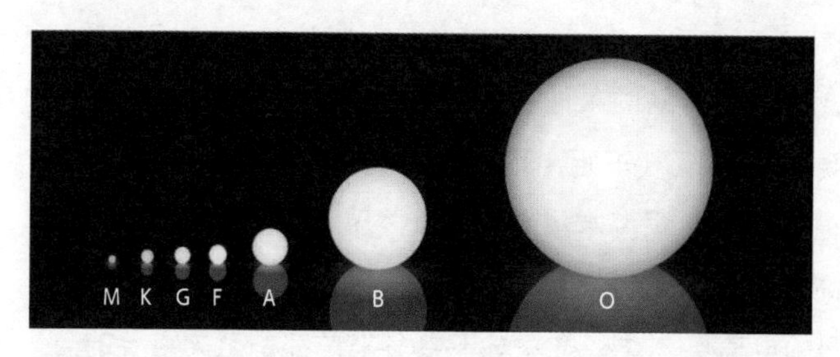

● 超级宜居行星绕着一颗 K 级恒星运行。太阳是一颗 G 级恒星，比 K 级恒星质量更大，光度更强，但寿命只有 100 亿年，比 K 级恒星稍短

木卫四的地质环境

物理指标	数据详情
半径	2410.3 ± 1.5 千米（0.378 个地球半径）
表面积	$7.3 \times 10^{7}km^{2}$（0.143 个地球表面积）
体积	$5.9 \times 10^{10}km^{3}$（0.0541 个地球体积）
质量	$(1.075938 \pm 0.000137) \times 10^{23}kg$（0.018 个地球质量）
平均密度	$1.8344 \pm 0.0034g/cm^{3}$（0.333 倍地球平均密度）
表面重力	$1.235m/s^{2}$（0.126g）
逃逸速度	2.440 千米 / 秒
反照率	0.22
表面温度	最小值：80K；平均值：134K；最大值：165K
轨道半径	188.27 万千米
轨道周期	16.689 天
轨道速度	8.204 千米 / 秒

虽然木卫四与地球的条件无法比拟，但在太阳系之内，除地球之外，木卫四是人类可以居住的最为理想的行星，至少可以作为探索外太空的中转站。

木卫四适合建立中转站的条件包括：存在一层稀薄的大气，主要成分是二氧化碳和少量氧气；距离地表 100~150 千米深处有一个液态的地下海洋；低重力；距离木星较远，受木星强烈磁场辐射较低；地质稳定性较高，没有任何板块运动、地震、火山喷发等地质活动；有一个活动剧烈的电离层。这些条件对于生命来说都是至关重要的。

主要参考文献

[1] 侯连海 . 中国古鸟类 [M] . 昆明：云南科技出版社，2003.

[2] 侯先光 . 澄江动物群：5.3 亿年前的海洋动物 [M] . 昆明：云南科技出版社，1999.

[3] 季强 . 腾飞之龙 [M] . 北京：地质出版社，2016.

[4] 戎嘉余 . 生物演化与环境 [M] . 合肥：中国科学技术大学出版社，2018.

[5] 舒德干团队 . 寒武大爆发时的人类远祖 [M] . 西安：西北大学出版社，2016.

[6] 王立铭 . 生命是什么 [M] . 北京：人民邮电出版社，2018.

[7] 王原，葛旭，邢路达，等 . 听化石的故事 [M] . 北京：科学普及出版社，2018.

[8] 王章俊 . 热河生物群 [M] . 北京：地质出版社，2016.

[9] 王章俊 . 罗平、关岭生物群 [M] . 北京：地质出版社，2016.

[10] 朱钦士 . 上帝造人有多难 [M] . 北京：清华大学出版社，2015.

[11] 朱钦士 . 生命通史 [M] . 北京：北京大学出版社，2019.

[12] 张振 . 人类六万年：基因中的人类历史 [M] . 北京：文化发展出版社，2019.

[13] 尹烨 . 生命密码 [M] . 北京：中信出版集团，2018.

[14] 汪洁 . 时间的形状 [M] . 北京：北京时代华文书局，2017.

[15] 陈均远，周桂琴，朱茂炎，等 . 澄江生物群——寒武纪大爆发的见证 [M] . 台北：国立自然科学博物馆，1996.

[16] 谢伯让 . 大脑简史 [M] . 台北：猫头鹰出版社，2016.

[17] 稻垣荣洋 . 弱者的逆袭 [M] . 南宁：接力出版社，2020.

[18] 更科功 . 人类残酷进化史 [M] . 天津：天津科学技术出版社，2021.
[19] 以太 · 亚奈，马丁 · 莱凯尔 . 基因社会 [M] . 南京：江苏凤凰文艺出版社，2017.
[20] 大卫 · 克里斯蒂安 . 时间地图 [M] . 北京：中信出版集团，2017.
[21] 彼得 · 沃德，乔 · 克什维克 . 新生命史 [M] . 北京：商务印书馆，2020.
[22] 迈克尔 · C. 杰拉尔德，格洛丽亚 · E. 杰拉尔德 . 生物学之书 [M] . 重庆：重庆大学出版社，2017.
[23] 斯宾塞 · 韦尔斯 . 人类的旅程 [M] . 北京：中信出版集团，2020.
[24] 贾雷德 · 戴蒙德 . 第三种黑猩猩 [M] . 北京：中信出版集团，2022.
[25] 大卫 · 赖克 . 人类起源的故事 [M] 杭州：浙江人民出版社，2019.
[26] 理查德 · 波茨，克里斯托弗 · 斯隆 . 国家地理人类进化史 [M] 南京：江苏凤凰科学技术出版社，2021.
[27] 爱德华 · 威尔逊 . 缤纷的生命 [M] . 北京：中信出版集团，2016.
[28] 比尔 · 布莱森 . 万物简史 [M] . 南宁：接力出版社，2007.
[29] 大卫 · 克里斯蒂安 . 极简人类史 [M] . 北京：中信出版社，2016.
[30] 迈克尔 · 艾伦 · 帕克 . 生物的进化 [M] . 济南：山东画报出版社，2014.
[31] B. 艾伯茨 . 细胞生物学精要 [M] . 北京：科学出版社，2012.
[32] Douglas J. Futuyma. 生物进化 [M] . 北京：高等教育出版社，2016.
[33] 尼尔斯 · 艾崔奇 . 灭绝与演化 [M] . 北京：北京联合出版公司，2018.
[34] 杰弗里 · 贝内特，塞思 · 肖斯塔克 . 宇宙中的生命 [M] . 北京：机械工业出版社，2016.
[35] 尼古拉斯 · 韦德 . 黎明之前 [M] . 北京：电子工业出版社，2015.
[36] 史蒂文 · 古布泽，弗兰斯 · 比勒陀利乌斯 . 黑洞之书 [M] . 北京：中信出版集团，2018.
[37] 史蒂文 · 温伯格 . 最初三分钟 [M] . 重庆：重庆大学出版社，2018.
[38] 斯宾塞 · 韦尔斯 . 出非洲记 [M] . 北京：东方出版社，2004.
[39] 悉达多 · 穆克吉 . 基因传 [M] . 北京：中信出版集团，2018.
[40] 辛西娅 · 斯托克斯 · 布朗 . 大历史，小世界 [M] . 北京：中信出版集团，2017.
[41] 约翰 · 布罗克曼 . 生命 [M] . 杭州：浙江人民出版社，2017.

[42] 布赖恩 · 考克斯，安德鲁 · 科恩 . 生命的奇迹 [M] . 北京：人民邮电出版社，2014.

[43] 布赖恩 · 考克斯，安德鲁 · 科恩 . 宇宙的奇迹 [M] . 北京：人民邮电出版社，2014.

[44] 达尔文 . 人类的由来 [M] . 北京：商务印书馆，1983.

[45] 达尔文 . 物种起源 [M] . 北京：北京大学出版社，2018.

[46] 理查德 · 道金斯 . 自私的基因 [M] . 北京：中信出版社，2012.

[47] 理查德 · 道金斯 . 祖先的故事 [M] . 北京：中信出版集团，2019.

[48] 理查德 . 福提 . 生命简史 [M] . 北京：中信出版集团，2018.

[49] 克里斯 · 斯特林格，彼得 · 安德鲁 . 人类通史 [M] . 北京：北京大学出版社，2017.

[50] 克里斯托弗 · 波特 . 我们人类的宇宙 [M] . 北京：中信出版集团，2017.

[51] Michael J.Benton. 古脊椎动物学（第四版）[M] . 北京：科学出版社，2017.

[52] 内莎 · 凯里 . 遗传的革命 [M] . 重庆：重庆出版社，2016.

[53] N.H. 巴顿，D.E.G. 布里格斯，J.A. 艾森，等 . 进化 [M] . 北京：科学出版社，2010.

[54] 尼克 · 莱恩 . 生命的跃升 [M] . 北京：科学出版社，2018.

[55] 史蒂芬 · 霍金 . 时间简史 [M] . 长沙：湖南科学技术出版社，2003.

[56] 理查德 · 利基 . 人类的起源 [M] . 杭州：上海科学技术出版社，2007.

[57] 亚当 · 卢瑟福 . 我们人类的基因 [M] . 北京：中信出版集团，2017.

[58] 亚历山大 · H. 哈考特 . 我们人类的进化 [M] . 中信出版集团，2017.

[59] 约翰 · 翰兹 . 宇宙简史 [M] . 北京：机械工业出版社，2017.

[60] 保罗 · 帕森斯 . 宇宙起源 [M] . 南京：江苏凤凰科学技术出版社，2020.

[61] 伊恩 · 尼科尔森 . 宇宙之光 [M] . 南京：江苏凤凰科学技术出版社，2020.

[62] 尼克 · 莱恩 . 复杂生命的起源 [M] . 贵阳：贵州大学出版社，2020.

[63] 帕特里克 · 德韦弗 . 地球之美 [M] . 北京：新星出版社，2017.

[64] 约翰内斯 · 克劳泽，托马斯 · 特拉佩 . 智人之路 [M] . 北京：现代出版社，2021.

[65] 约翰 · A. 朗 . 鱼类的崛起 [M] . 北京：电子工业出版社，2019.

[66] 克里斯蒂安 · 德迪夫 . 生机勃勃的尘埃 [M] . 上海：上海科技教育出版社，2019.

[67] 伊格纳西 . 里巴斯 . 宇宙全书 [M] . 南京：江苏凤凰科学技术出版社，2020.

[68] 尤瓦尔 · 赫拉利 . 人类简史 [M] . 北京：中信出版社，2014.

附录

地质年代、地质事件、生物大进化一览表

注：参考《国际年代地层表》，表格内数字单位为百万年前；罗马数字及绿色文字表示进化史上生命的 11 次巨大飞跃

代或宙	纪 / 地质事件	世	年龄	生命进化史上的关键生物		
			现今		现代人（约 80 亿人）	
新生代	第四纪	全新世	0.0117		农耕文明	被子植物大繁盛 裸子植物衰落
	第四纪 大型哺乳类灭绝（2.59）	更新世	2.59	现代鸟类大发展	Ⅺ．早期智人（0.6）和智人（0.3）进化出高度发达的大脑 Ⅹ．匠人（2.0）和海德堡人（1.0） 进化出简单的语言 Ⅸ．能人会敲打粗糙石器（2.5） 阿法南方古猿（3.9） Ⅷ．地猿始祖种两足直立行走（4.4）	
	新近纪	上新世	5.3			
		中新世	23		森林古猿（13），乍得人猿（7）	
	古近纪	渐新世	34		原上猿（35）	
		始新世	56		阿喀琉斯基猴（55），曙猿类（45）	
		古新世	66		普尔加托里猴（65.9）	
中生代	白垩纪末期大灭绝（66） 白垩纪	晚	100			被子植物开始繁盛（100～90）；蜜蜂诞生，传播花粉，裸子植物衰落；蕨类植物灭绝
		早	145	弥曼始今鸟（130） 反鸟类（145）	攀援始祖兽（130）	蕨类植物衰落（140～120） 被子植物诞生（145）
	侏罗纪	晚	163	Ⅵ．始祖鸟进化出发达的飞羽（152）	Ⅶ．中华侏罗兽进化出胎生哺乳（160）	银杏繁盛（150） 松柏类开始繁盛 裸子植物崛起（201～145） 苏铁类繁盛（251～145）

代或宙	纪 / 地质事件	世	年龄	生命进化史上的关键生物		
中生代	侏罗纪	中	174	兽脚类（鸟的祖先）		银杏繁盛（150） 松柏类开始繁盛 裸子植物崛起 （201～145） 苏铁类繁盛 （251～145）
		早	201	蜥脚类恐龙		
	三叠纪末期大灭绝（201） 三叠纪	晚	235	V．始盗龙进化出前肢捕食（234）	卵生哺乳动物摩尔根兽（205） 哺乳形类	
		中	247	阿希利龙（245） 兔蜥类（235） 马拉鳄龙（235） 马斯加吐鳄（247）	三尖叉齿兽（247）	
		早	252			
晚古生代	二叠纪末期大灭绝（251） 二叠纪	晚	260		丽齿兽（254） 四角兽（260）	
		中	272			
		早	299	原龙类（299）	异齿龙（279） 基龙（304）	苏铁类诞生（280） 鳞木、石松类衰落并灭绝
	石炭纪末期灭绝（307～299） 石炭纪	晚	323	IV．林蜥进化产羊膜卵（312） 真爬行动物	始祖单弓兽（312） 似哺乳爬行动物	科达类（银杏和松柏类的祖先）繁盛（359～299） 种子植物繁盛
		早	359	原水蝎螈（326） III．鱼石螈进化出四足（367） 开始登陆的提塔利克鱼（375）		鳞木、木贼和种子蕨（383～359）
	泥盆纪末期大灭绝（377～372） 泥盆纪	晚	383			蕨类、木贼和古羊齿类（393～383）
		中	393	潘氏鱼（385）		裸蕨（444～393）
		早	419	著名的肉鳍鱼——真掌鳍鱼 (380）		
早古生代	志留纪	晚	423	基因大幅扩张的硬骨鱼类（420） II．初始全颌鱼进化出颌骨（423）		
		中	433	有颌骨萌芽的曙鱼（438）		
		早	444	进化出一对胸鳍的花鳞鱼（423）		

代或宙	纪 / 地质事件	世	年龄	生命进化史上的关键生物	
早古生代	奥陶纪末期大灭绝（444～442） 奥陶纪	晚	458	进化出头甲的星甲鱼（450）	
		中	470	甲胄鱼类	苔藓（485～444）
		早	485		
	寒武纪末期灭绝（485） 寒武纪	晚	509		布氏轮藻（505）
		中	521		
		早	541	Ⅰ. 昆明鱼进化出脊椎（530）	
元古宙	埃迪卡拉末期大灭绝（541） 第二次大氧化事件（750～635） 地质史上的无聊期（1800～800）	新元古代	1000	寒武纪生命大爆发（541～500） 埃迪卡拉生物群（571～541） 第一个多细胞动物——海绵诞生（850～650） 真核生物进化出领鞭毛虫（1050）	进化出绿藻（1000） 真核生物吞噬了蓝藻（1500），后来蓝藻演化成叶绿体
	第一次大氧化事件（2400～2100）	中元古代	1600	进化出真核生物，即阿斯加德古细菌吞噬好氧细菌，（2100），后来好氧细菌演化成线粒体	
		古元古代	2500		
太古宙	条带状铁建造（2700～1800） 后期重轰炸事件（4100～3800）		4000	露卡演化出古细菌、好氧细菌、蓝细菌等原核生物（≤4000～3500） 最后的共同祖先露卡诞生（4000），原始细胞团块	蓝藻（3500）
冥古宙	月球形成（4530） 地球诞生（4567）		4567		